油田企业模块化、实战型技能培训系列教材

储气库井控技术
标准化培训教程

丛书主编　陈东升

本书主编　赵泽宗　马玉生　王　库

U0264411

中国石化出版社
·北京·

图书在版编目(CIP)数据

储气库井控技术标准化培训教程／陈东升等主编.
北京：中国石化出版社，2025.2. ——(油田企业模块化、
实战型技能培训系列教材). ——ISBN 978 – 7 – 5114 –
7891 – 7

Ⅰ. TE972

中国国家版本馆 CIP 数据核字第 2025AF5156 号

中国石化出版社出版发行

地址：北京市东城区安定门外大街 58 号
邮编：100011　电话：(010)57512500
发行部电话：(010)57512575
http://www. sinopec-press. com
E-mail：press@ sinopec. com
宝蕾元仁浩(天津)印刷有限公司印刷
全国各地新华书店经销

*

787 毫米×1092 毫米 16 开本 10 印张 233 千字
2025 年 2 月第 1 版　2025 年 2 月第 1 次印刷
定价：72.00 元

油田企业模块化、实战型技能培训系列教材
编委会

主　　任　张庆生

副 主 任　蔡东清

成　　员　陈东升　王少一　朱机灵　章　胜　马传根

　　　　　祖钦先　吴春茂　房彩霞　尚秀山

《储气库井控技术标准化培训教程》编委会

主　　任　龚险峰

委　　员　杜远宗　王令群　牛秋彬　滕　峰　侯　磊
　　　　　李玉文　高　鹰　高　强　柴英志　刘　刚
　　　　　陈瑞祥　王振华　孙海燕　于　涛　王　磊

编写组

主　　编　赵泽宗　马玉生　王　库
副 主 编　杜远宗　王树森　凡　俊
编写人员　孙立辉　孙宏伟　石增才　张　亮　李桂青
　　　　　李宪宾　杜新泉　任　垒　何　维　周志峰
　　　　　吴志欣　徐鹏程　沈　曦　裴　超　李鲁豫
　　　　　李鸿博　鲍志鑫　吴红英　王小花　吴朝廷
　　　　　胡建合　曾祥俊　马海峰　李雪影　李　彬
　　　　　夏吉银　余桂萍　王丹丹　马　勋　郭瑞华
　　　　　赵　辉　杨　斌　姚翠菊　袁德辉　李世伟
　　　　　张　鹏　李鸿图　赵紫敬　王瑞达　叶　进

审核组

主　　审　吕　军
审核人员　郭玉峰　李晓龙　徐连军　史新华

序　言

为贯彻落实中原石油勘探局有限公司、中原油田分公司（以下简称中原油田）人才强企战略，通过开展专项技能培训和考核，全面提升员工工作水平，促进一线生产提质增效。由中原油田党委组织部（人力资源部）牵头，按照相关岗位学习导图，分工种编写了系列教材——《油田企业模块化、实战型技能培训系列教材》，本书是其中一本。

本书最大的亮点在于其模块化与实战型的设计理念。模块化设计将复杂的井控知识体系进行了科学拆解，全书分为四个单元，从井控基础知识到储气库地质概况，从井控设备到井控管理，各单元既相互独立又紧密关联。就像搭建一座大厦，每个模块都是不可或缺的基石，学员可以根据自身需求和学习进度，自由选择、灵活组合，实现知识的高效积累与能力的逐步提升。

实战型则是本书的灵魂所在。在内容编排上，摒弃了传统教材重理论轻实践的弊端，力求将理论知识与实际操作紧密结合。在井控基础知识单元，不仅讲解了压力基本概念、压井技术等理论知识，还详细阐述了如何预防波动压力、处理天然气滑脱上升等实际问题；在储气库井控设备单元，对采气树、井口安全控制系统等各类设备的操作、维护及故障处理进行了全方位的介绍，让学员置身真实的工作现场，掌握每一个关键细节。

本书的编写凝聚了众多行业专家的智慧与心血，将多年的实践经验融入每一个知识点中，为学员提供了极具价值的学习指导。同时，还广泛收集了油田企业在实际生产过程中遇到的各种典型案例，通过对这些案例的深入分析，帮助学员更好地理解和应用所学知识，真正做到学以致用。无论是刚踏入石油行业的新员工，还是经验丰富的老员工，都能从教材中汲取知识养分，提升自己的专业素养。通过学习，新员工可以快速熟悉井控工作流程与要点，为今后的工作打下坚实基础；老员工则能进一步完善知识体系，掌握新的技术和管理方法，更好地应对工作中的各种挑战。

当然，本书的编写也是实战型培训教材开发的初步实践，尽管广大编者尽其所能投入编写，也难免存在不妥之处。期望广大读者、培训教师、技术专家及培训工作者多提宝贵意见，以促进教材质量不断提高。

《油田企业模块化、实战型技能培训系列教材》编写委员会

前　言

　　储气库是用于天然气注入、储存、采出的地下地面一体化系统。储气库注采井的运行过程是一个强注、强采的过程，具有注采双重功能，其井口装置须能承受强注、强采、高压、高产的周期性变化。加强储气库天然气井井控管理，严防井喷失控、天然气泄漏事故，提高岗位工人现场操作技能，既是企业开展员工培训工作的重要内容之一，也是提高生产效率、增加经济效益、保证安全生产的重要措施。

　　鉴于国内还没有一本系统介绍储气库井控技术的专业书籍，为总结适应地下储气库井控特点，同时填补国内储气库同类教材的空白，中国石化中原油田分公司组织技术人员，按照国家职业标准和中国石化教材编著要求，在借鉴国内外有关资料的基础上，紧密结合储气库运行实际，编写了《储气库井控技术标准化培训教程》，供从事储气库井控操作、技术、管理人员学习参考。

　　本教材采用现场写实的方式对储气库井控技术操作的内容、步骤进行了详细讲解，并首次增添了操作要点、安全注意事项、突发事件应急处置、学习导图等内容。力求做到取材先进实用，内容密切联系生产实际，叙述重点突出、层次分明、文字简练、通俗易懂，使岗位人员既能快速掌握，又能实现技能提升。

　　在编写过程中，编写组人员查阅、参考了大量资料，同时中原油田分公司储气库管理中心专家也给予了很大的支持和帮助，对此表示衷心感谢！由于编写水平有限，疏漏、错误之处在所难免，敬请广大读者提出宝贵意见。

目　　录

单元一 井控基础知识

井控是一项系统工程，涉及井位选址、地质与工程设计、设备配套、维修检验、安装验收、生产组织、技术管理、现场管理等，需要设计、地质、生产、工程、装备、监督、计划、财务、科技、培训和安全等部门相互配合、共同把关。

一般根据施工作业环境中井控作业的不同特点，可分为钻井井控、井下作业井控及采油采气井井控。钻井井控主要是钻井过程中的压力控制；井下作业井控主要是油气井在中途测试、完井测试、压裂酸化、冲砂防砂、修井等作业过程中的压力控制；采油采气井井控主要是采油采气井、注入井、长停井及废弃井压力的安全控制。井控即油气井在不同环节的压力控制，井控技术就是对油气井进行压力控制的技术。

模块一 储气库井控

项目一 储气库井控分类

1 项目简介

井控是指油气勘探、开发、地下储气全过程的井口控制、井筒压力控制与管理，包括钻井、测井、录井、测试、注水(气)、井下作业、油气生产、储气注采和报废井弃置处理等生产环节。

2 井控分类

注采井井控与钻井井控、井下作业井控有着本质的区别，按紧急程度不同也可以分为三级井控。

2.1 一级井控(初级井控)

指正常生产状态下注采井的安全控制。其生产参数正常，所有井控设备工作正常，井口、流程无泄漏现象，生产井处于安全控制之中。

2.2 二级井控

生产参数发生异常，或井筒、井口、控制系统出现异常，对注采井的安全生产构成一定威胁，但能依靠井下、地面设备加以控制，使异常情况得到及时处理，重新恢复到一级井控状态。

2.3 三级井控

依靠井下和地面设备不能对注采井的生产加以控制，甚至威胁到生产井、人员及周围环境的安全，通过使用适当的技术与设备可重新恢复对注采井的控制，达到一级井控状态。

一般来讲，我们要力争使注采井处于一级井控状态，做好应急准备，当注采井生产出现异常时，能够及时准确地加以处理，恢复注采井的正常生产和安全控制，避免二级井控作业状况，杜绝三级井控作业状况。

做好井控工作要做到"三早"：早发现异常，早预警汇报，早科学处置。

项目二　注采井井控要素

1　项目简介

注采井在超长期反复的注气、采气过程中，地下储气库注采井的套管、水泥环、井壁岩石都受到高压注气、循环交变载荷、不均匀地应力及腐蚀环境等多种因素的作用，可能造成注采井损坏，从而使天然气泄漏至地表而引发事故。

2　储气库井控风险

2.1　储气库井的风险

（1）由于注采井井口承受较大压力，天然气又具有易燃、易爆的特性，注采井井场的主要危险因素是井喷或井喷失控，以及天然气泄漏引起的火灾、爆炸，此外还存在环空带压、管柱结盐等风险。

（2）注采井失效主要原因是套管腐蚀、套管泄漏、维修操作失误、注采管柱破裂和地质因素影响等。

（3）井口装置失效主要原因是紧急截断阀失效、井口法兰垫圈失效等。

2.2　储气库气藏风险

（1）地下储气库气藏的主要风险是气库的密封性遭到破坏，造成注入气体迁移从而引发安全事故。

（2）储气库区域内的新井钻探活动。

（3）老井的封堵质量达不到规范要求。

（4）注气过程中注气压力超负荷、地质断层开启、第三方破坏。

（5）发生强烈地震等可能对储气库密封性造成破坏，导致注入气体迁移，最终泄漏至地表，引发火灾、爆炸事故。

3　储气库井控特点

3.1　井控范围不同

（1）钻井井控、井下作业井控主要强调的是采用一定的设备和技术使作业过程中井筒的压力处于相对平衡状态，保证钻井或井下作业的安全顺利进行。

（2）储气库注采井井控是指在整个注采井生产过程中，维护井的正常生产要同时考虑压力流体的性质及观察井、封堵井、废弃井的安全处置，只考虑单一的压力控制无法维持储气库的正常生产。

3.2　针对的工况不同

（1）钻井井控与井下作业井控的工况主要包括钻井、录井、测井、井下作业等。

（2）储气库注采井井控的工况主要包括注采井、观察井、封堵井、废弃井的生产与管理各个环节的安全控制。

3.3　引起失控的原因不同

(1)钻井、井下作业过程中的井喷失控主要是由于压力控制不到位，井内压力的近平衡状态被打破，地下的流体大量无序地涌出，对人员和设备造成损害。

(2)储气库注采井失控主要是因为在生产过程中由于各种原因而造成现有设备对气体的流动不能有效地加以控制，气井生产过程无法维持正常，以致出现大量的气体泄漏，严重地威胁到生产井、人员及周围环境的安全。

3.4　井控设备与井控技术不同

(1)钻井井控、井下作业井控的井控设备主要有井口防喷器、管柱内防喷工具、井控仪器仪表等。

(2)储气库注采井的井控设备主要是井口装置及地面生产流程，井控设备要求有井下安全阀、井口安全阀和自动控制系统等。

(3)钻井井控、井下作业井控主要通过采用一系列的措施和设备使井下压力恢复至近平衡状态。

(4)储气库注采井井控一般是通过正确选用、规范操作相关的设备，实现对注采井生产的有序管理。只有当井口和井下设备都无法控制时，才通过压井作业等，借助近平衡原理达到安全修井、重新恢复生产的目的。

项目三　注采井完井方式

1　项目简介

完井方式选择是油田开发中的一项重要工作，储气库开发运行的相应措施都要通过完井管柱来实现。目前，常规完井方式有很多类型，但都有其各自的使用条件和局限性，只有针对储气库的类型和油气层的特性选择最合适的完井方式，才能保证储气库的长期安全平稳运行。

2　完井方式要求

储气库井完井方式应满足以下要求：

(1)气层和井筒之间应保持最佳连通条件，气层所受的伤害最小。

(2)气层和井筒之间应具有尽可能大的渗流面积，气的注入和采出阻力最小。

(3)应能有效地封隔气层、水层，防止水窜，防止层间相互干扰。

(4)应能有效地控制气层出砂，防止井壁坍塌，确保储气库井长期生产。

(5)注采管柱既能满足储气库井注采的需要，又要考虑到储层改造的需要。

(6)应满足储气库井周期性交变应力条件下强注强采的要求。

(7)注采管柱材质应结合油气藏流体和注入气体性质进行选择。

(8)施工工艺简便，经济效益好。

3　常用完井方式

3.1　射孔完井

(1)射孔完井法是钻完油层后下入套管或尾管，注水泥固井后通过射孔使井筒和产层连通开采油气。

(2)射孔完井是国内外使用最为广泛的一种完井方法，在直井、定向井、水平井中都可以采用。射孔完井包括套管射孔完井和尾管射孔完井。

①套管射孔完井是用同一尺寸的钻头钻穿油层直至设计井深，然后下油层套管至油层底部并注水泥固井，最后射孔。

②尾管射孔完井是在钻头钻至油层顶界后，下技术套管注水泥固井，然后用小一级的钻头钻至设计井深，用钻具将尾管送下并悬挂在技术套管上。

（3）射孔完井适用的储层如下：

①有气顶、底水或含水夹层及易塌夹层等复杂地质条件下，要求实施分隔层段的储层。

②储层各分层之间存在压力、岩性等差异，要求实施分层测试、分层采油、分层注水、分层处理。

③要求实施大规模水力压裂作业的低渗透储层。

④砂岩储层、碳酸盐岩裂缝性储层。

3.2 裸眼完井

（1）裸眼完井是在钻开油气层后不下套管，不注入水泥，使井眼裸露的一种完井方法。

（2）裸眼完井的优点是油气层完全裸露，因而具有最大的渗滤面积，油气流入井内的阻力最小，因而产能高，同时减少了固井和射孔对油气层的损害。

（3）裸眼完井适用的储层如下：

①岩性坚硬致密、井眼稳定不坍塌的碳酸盐岩或砂岩储层。

②储层无气顶、无底水、无含水夹层及易塌夹层。

③单一厚储层，或压力、岩性基本一致的多储层。

④不准备实施分隔层段、选择性处理的储层。

3.3 割缝衬管完井

（1）割缝衬管完井是在裸眼完井的基础上，在裸眼井内下入割缝衬管，在直井、定向井、水平井中都可采用。

（2）割缝衬管就是在衬管壁上沿着轴线的平行方向或垂直方向割成多条缝眼，它的功能如下：

①允许一定数量和大小能被原油携带至地面的"细砂"通过。

②能把较大颗粒的砂阻挡在衬管外面。

（3）割缝衬管完井适用的储层如下：

①储层无气顶、无底水、无含水夹层及易塌夹层。

②单一厚储层，或压力、岩性基本一致的多储层。

③不准备实施分隔层段、选择性处理的储层，岩性较为疏松的中、粗砂粒储层。

3.4 套管砾石充填

（1）套管砾石充填是钻穿油层后下入油层套管注水泥固井，并对油层射孔，然后使用高黏度的充填液进行高密度充填防砂。在下入筛管前可用开口油管砾石填炮眼。一般采用大孔径（28mm），孔密度为30孔/米。

（2）套管砾石充填适用的储层如下：

①储层有气顶或底水或含水夹层及易塌夹层等复杂地质条件下，要求实施分隔层段。

②储层各分层之间存在压力、岩性差异，要求实施选择性处理。

③岩性疏松、出砂严重的粗、中、细砂粒储层。

3.5 裸眼砾石充填

(1)裸眼砾石充填完井法又称管外砾石充填完井法。

(2)裸眼砾石充填完井法是在油层顶部下套管注水泥封固,然后用扩孔钻头将裸眼段扩大,再下入筛管管柱(外管柱)及冲洗管柱(内管柱)进行填砂作业,扩大后的井眼直径要达到原井径的1.5~2倍,以保证充填有足够的厚度,一般砾石层厚度在50mm以上,以提高防砂效果。填砂作业完成后,起出送入管柱,再将油管下入筛管内替入原油或柴油交井。在较短裸眼井段常用反循环砾石充填法。

(3)裸眼砾石充填与套管砾石充填的防砂作用是相同的,即任何地层砂粒均被挡住,只允许地层流体通过。其关键是筛管与充填砾石尺寸相匹配,砾石尺寸与油层砂粒尺寸相匹配,使充填砾石层既能挡住砂粒,又具有较好的渗透性。

(4)在地质条件允许使用裸眼而又需要防砂时,采用裸眼砾石充填完井方法。

(5)裸眼砾石充填适用的储层如下:

①储层无气顶、无底水、无含水夹层。

②单一厚储层,或压力、物性基本一致的多储层,不准备实施分隔层段、选择性处理的储层。

③岩性疏松、出砂严重的中、粗、细砂粒储层。

4 完井方式选择原则

油气井是连通油气藏的唯一通道,每口油气井的完井设计必须以获得最大的综合利润为前提。选择完井方式应针对油气藏的具体地质条件,结合工程要求进行短期和长期效益的综合考虑。

4.1 地层稳定性

地层稳定性的影响因素有很多,必须先确定在生产过程中井筒和射孔孔眼是否稳定。这个过程分为三步。

(1)确定地层应力。

(2)确定岩石的机械特性。

(3)采用合适的破坏标准确定在生产过程中地层是否稳定、何时出砂。

4.2 储层物性

(1)储层类型。

包括孔隙型储层、裂缝型储层或复合型(孔隙裂缝型或裂缝孔隙型)储层。

(2)产层均质程度。

①均质产层是指在整个产层厚度内渗透率等岩性相同,没有含水及易坍塌夹层,且没有被分隔为许多压力不同的油气层的单一产层,或者即使被分隔成许多层但各分层的压力相近。

②非均质产层是指存在压力、岩性各不相同的若干小分层之间的层间干扰或存在含水夹层、易坍塌黏土夹层等。

(3)产层附近有无底水或气顶。

(4)产层的渗透性。

4.3 油田开发和采油工程要求

如注水、压裂酸化、气顶、底水和边水控制、调整井、防砂、防腐等。

5　不同完井方式确定

（1）均质、不准备进行选择性作业（采油、压裂、酸化、注水等）、岩石坚固的产层可以选用裸眼完井。

（2）均质、不准备进行选择性作业、岩石不坚固的产层应该选用衬管或砾石充填等能够防砂的完井结构。

（3）均质、不准备进行选择性作业、岩石坚固的产层，若产层附近有气顶或其他高压层，则可采用复合的完井结构（上部射孔、下部裸眼）。

（4）坚固但非均质的产层，应该采用套管射孔完井结构。

（5）非均质、准备进行选择性作业的产层，经常根据产层的渗透率选择完井结构（低渗透率采用常规射孔，高渗透率采用套管砾石充填射孔）。

6　储气库完井方式选择（以卫11储气库为例）

实测卫11气田岩心孔隙度在 $16.0\% \sim 20.0\%$，平均渗透率约为 $20.0 \times 10^{-3} \mu m^2$，为中孔、中渗储层，砂体平面展布体现了受北西方向物源控制的沉积特征，大多数小层砂体表现出西侧较厚、东侧变薄的变化趋势。根据完井方式选择标准，对比国内外枯竭气藏型储气库完井方式，推荐卫11储气库井采用套管射孔完井方式。

项目四　注采井井位布局

1　项目简介

依据构造形态、储层展布规律，井位集中部署在储层厚度大的高产区，利于强注强采，同时考虑库容控制、水侵等因素。

2　布局要求

2.1　布局方式（以卫11储气库为例）

采用丛式井组布井，从开发和钻井施工的实际需要出发，钻井井场布置必须在保证安全施工的前提下，合理选择井场位置，适当加大井场面积，优化井场布置。为不影响其他井的正常生产，要求井口距、排距不宜过小，井口距设计为15m，排距设计为45~50m。

2.2　布局原则

（1）满足地质勘探开发的要求。

（2）满足注采气工艺的要求。

（3）满足油田建设施工的要求。

（4）满足钻井施工的要求。

（5）满足降低碰撞风险、提高钻井速度、降低钻井成本的要求。

（6）满足防喷、防爆、防火、防毒、防冻等安全要求。

（7）满足设备合理布置，油、气、水、电集中供应，污水、污油、废弃物回收综合处理的要求。

（8）根据每个平台所钻井数选择井口的排列方式。

（9）根据平台内各井目标点与平台位置的关系确定平台总体布局。

（10）地面井口的排列应不妨碍各井的作业且利于各井组的钻机相互支援，使总体钻井时间最短。

3　质量要求

3.1　井身质量要求

（1）靶区半径：10～20m。

（2）井径扩大率：目的层≤10%，非目的层≤15%。

（3）测斜要求：稳斜段测斜，两个测点的距离不大于50m；斜井段两个测点的井段长度不大于30m。

（4）最大全角变化率：单点最大井眼曲率不超过7°/30m。

（5）完井数据以多点测斜数据为准，方位角均按N4.5°W进行校正。

3.2　固井质量要求

（1）储气库运行时间长，井筒完整性要求高，对各级套管封固质量要求执行《油气藏型地下储气库安全技术规程》（SY/T 6805—2017）。

（2）固井质量评价按《固井质量评价方法》（SY/T 6592—2016）、《地下储气库设计规范》（SY/T 6848—2023）执行。

项目五　井喷失控原因及危害

1　项目简介

在注采气生产过程中，如果因外力作用、人为破坏、腐蚀等原因，井口装置被破坏，将可能导致发生井喷事故；若井喷发生后，井控装置和管汇失效，无法及时控制井喷，则可能造成井喷失控。

2　失控原因

井喷失控大体可以归纳为以下几个方面的原因。

2.1　井下原因导致的井喷

（1）固井质量不好，套管外窜槽或套管损坏。

提高固井质量是保证层间封隔和避免环空带压的一项重要措施。固井的主要目的就是对套管外环空进行永久性封固，因此固井质量不好，很可能导致天然气泄漏，从而引起环空带压。

（2）井下管柱、井口装置及生产流程设计不合理。

（3）封隔器失效导致高压油气上窜。

（4）注采井井下安全阀失灵。

（5）弃井封堵未达到设计要求。

（6）邻井作业干扰导致注采井生产参数改变。

（7）井下条件变化导致水泥环密封失效。

由于后期注气、采气不同工况的交变载荷及温度变化使套管发生径向位移，导致水泥环本身机械损坏、套管与水泥之间胶结失效或水泥与地层之间胶结失效，这些都可以破坏层间封隔。水泥环的机械损坏会导致裂缝出现，而胶结失效会导致微环隙形成，从而导致环空带压。

2.2　地面装置出现问题导致的井喷

（1）井口装置安装不标准。

（2）井口装置未按规定程序试压及检测。

（3）井口装置钢圈、密封圈出现刺漏或老化损坏。

（4）法兰、四通、套管头及短节损坏或刺漏。

（5）阀门损坏或被盗。

（6）操作不当或人为损坏。

生产过程中，一些人为的操作不当可能造成注采井的失控。如当地面流程设备生产异常时，没有及时发现并及时处置。当井口控制失效时，没有及时关闭井下安全阀（SCSSV）等，都有可能引发注采井的失控。

（7）生产周期增加，设备腐蚀老化。

（8）日常检修维护不到位或管理不到位。

（9）自然灾害，如地震、洪水等造成的破坏。

3　井喷失控危害

若发生恶性井喷事故，造成的最大危害是井喷失控喷射出的天然气遇火燃烧爆炸，引起冲击波和热辐射伤人事故。

（1）天然气井井喷失控着火一般具有突发性、猛烈性，危害性极大，很容易造成人员伤亡。

（2）火柱高，一般 50～100m。火焰温度高、热辐射强，火柱表面温度一般达 1500℃ 左右，在无水或无掩体掩护的情况下，距井口 100m 左右会造成人员伤害。

（3）井喷失控着火后，在连续高温作用下，可能使井口相关设备、设施损毁，造成灭火和作业极为困难，甚至会造成油气井、储气库报废。

（4）因喷出气体压力高、流量大，加之燃烧爆炸，声音频率高，对周围环境影响极大，给抢险人员带来很大威胁，也给抢险指挥造成极大困难。

（5）对井场的设备人员及周围群众生命、财产安全带来威胁。

（6）井喷失控后容易造成储气库的垮塌和破坏。

（7）含硫井硫化氢泄漏，造成人员中毒伤亡。

一旦井喷失控，处理方法主要是围绕怎样使井口装置、井控管汇重新恢复对油气流的控制而进行的。井喷失控井虽各有特点和复杂性，但处理方法基本相同。一般是采取措施将三级井控转化为二级井控（重装井口，恢复对井口的控制），再将二级井控转化为一级井控（通过压井达到井内压力平衡），进而恢复正常生产。

项目六　不同时期井控对策

1　项目简介

牢固树立"井控风险是安全管理中的最大风险"的风险观，始终将防范井控事故失控作为重中之重。

2　具体措施

2.1　建设时期

（1）注采井在钻井、测井、录井、固井等施工过程中，井控管理应执行相关专业标准。

（2）储气库应对同一构造上相关层位的不符合利用条件的原有井进行封堵，封堵施工应严格按标准设计，确保有效封隔储层。封堵施工完成后安装简易井口和压力表。

（3）盐穴型储气库井控安全应重视井筒和腔体气密试压、注气排卤、腔体检测。注气排卤施工应严格执行设计参数要求，并认真监测气液界面，确保井控安全。

（4）封堵井应逐井建立档案，包括井位坐标、处理日期、封堵工艺等相关资料。

2.2　修井作业时期

（1）注采井在修井作业期间，井控管理应执行相关井下作业标准。

（2）当油管壁厚小于最小设计强度要求的壁厚时，或油管柱、井下封隔器、井下安全阀等密封失效时，应进行更换作业。

2.3　生产运营时期

（1）注采井和观察井的地下、地面井控装置均应根据压力选定并进行定期检测。

（2）注采井采气树、生产套管头、油管柱应满足气密封要求。

（3）注采井完井管柱应配置封隔器和井下安全阀，环空应注套管保护液，井口应设置自动高低压紧急截断阀。

（4）储气库应每日定时巡检注采井、观察井和封堵井，巡检部位至少应包括井口、套管头、采气树的腐蚀情况和密封效果，以及安全关断装置、泄放系统的灵敏可靠性。

（5）盐穴型储气库应定期检测腔体形状，并监测库区地面沉降情况。

（6）油气藏型储气库应针对出砂井采取防砂、控砂措施，并制定冲蚀状况检测制度。

（7）注采井在开关井作业前，应做好检查和准备工作，并按操作规程实施开关井作业。

模块二　井下各种压力及其相互关系

压力是井控工作中重要的基本概念之一。了解井下各种压力及其相互关系，对于掌握井控技术和防止井喷事故的发生是十分必要的。储气库注采井压力控制的主要任务表现在以下两个方面：

一是通过控制井口压力使注采井在合适的井底压力与地层压力差下进行生产。

二是在地层压力过高，流体过量进入井眼后，采用改变工作制度或更换井口设备等方法，控制井口压力，建立新的井底压力与地层压力之差，恢复正常生产状态。

项目一　压力基本概念

1　项目简介

在石油工业中，常用压力表示物体单位面积上所受的垂直力，即物理学上的压强，其单位是帕斯卡，符号是 Pa。因此，压力与力和面积有关。力是由物体的重力引起的，当物体的重力一定时，压力的大小取决于受力面积。

井控中很多压力是由液体和气体产生的，但压力的概念是一样的，不同的是液体和气体在某点上的压力在各个方向上均相等。

2　压力释义

2.1　静液压力

静液压力是由静止液体重力产生的压力。

由于流体具有特殊的性质，允许我们使用更随便的计算式。静液压力是液体密度和液柱高度的函数，其大小取决于液体密度和液柱高度。其计算公式为

$$p = \rho g H \tag{1-2-1}$$

式中　p——静液压力，kPa 或 MPa；

　　　g——重力加速度，$9.81\,\text{m/s}^2$；

　　　ρ——液体密度，g/cm^3；

　　　H——液柱高度，m。

2.2　压力梯度

为了讨论问题和应用方便，油田上普遍使用压力梯度的概念。

压力梯度是指每增加单位垂直深度压力的变化量，即每米垂直深度压力的变化值或每 10m 垂直深度压力的变化值。其计算公式为

$$G = p/H = \rho g \tag{1-2-2}$$

式中　G——压力梯度，kPa/m；

　　　p——压力，kPa 或 MPa；

　　　H——垂直深度，m 或 km。

用压力梯度的定义，静液压力公式也可以写成

$$\text{静液压力} = \text{压力梯度} \times \text{垂直深度} \tag{1-2-3}$$

按定义压力梯度为每米垂直深度的压力增量。以水为例：井眼垂直深度每增加 1m，

静液压力就增加 9.81kPa；井眼垂直深度每增加 10m，静液压力就增加 98.1kPa。

2.3　地层压力

地层压力是指作用在地层孔隙中流体上的压力，也称地层孔隙压力。正常情况下，地下某一深度的地层压力等于地层流体作用于该处的静液压力。

盐水是常见的地层流体，它的密度大约为 $1.07g/cm^3$。因此，地层压力梯度大约是 10.497kPa/m。按习惯，10.497kPa/m 的地层压力梯度是正常的，将垂直深度乘以 10.497kPa/m 就可求得含盐水地层中的压力。此外，如所有静液压力计算一样，对斜井井深必须换算至垂直井深。

2.3.1　正常地层压力

地层中某点的正常地层压力等于该点地层流体的静液压力。正常情况下，地下某一深度处的地层压力等于地层流体作用于该处的静液压力。地层流体密度通常为 $1.0 \sim 1.07g/cm^3$。故正常地层压力梯度为 9.8 ~ 10.497kPa/m。

2.3.2　异常地层压力

若地层压力等于或者接近正常静液压力，则地层内的流体应一直与地面连通，但这种流体常常被封闭层或断层截断。在这种情况下，隔层下部的流体必须支撑上部岩层。岩层密度大于地层水密度，所以地层压力超过静液压力。我们称这种地层为异常高压地层或超压地层。即地层压力大于正常压力时，称为异常高压。反之，地层压力小于正常地层压力时，称为异常低压。这种情况通常发生于衰竭的产层和大孔隙的老地层中。

2.4　地层破裂压力

地层破裂压力是指某一深度地层抵抗水力压裂的能力。当作用于井内某一地层的水力压力达到一定值时，地层原有的裂缝扩大延伸或无裂缝的地层产生裂缝，此时的压力值就是该地层的破裂压力。从钻井安全角度讲，地层破裂压力越大，地层抗破裂强度就越大，越不容易被压漏，钻井越安全。一般情况下，地层破裂压力随着井深的增加而增加。所以，上部地层(套管鞋处)的强度最低，易于被压漏，最不安全，在设计时应保证下入足够深度的套管以提高上部裸眼井段的地层破裂压力。

2.5　原始气层压力

气田投入开发以前所具有的压力叫作原始气层压力，也叫作原地层压力或原始静压。

2.6　目前气层压力

气藏投入开发之后，最近测得的气层中部压力，称为目前气层压力。

2.7　井底流动压力

井底流动压力又称井底压力，是指注采井在正常生产时测得的气层中部的压力，简称流压。

2.8　油管压力

油管压力简称油压，它表示油气从井底流到井口后的剩余压力。油压在数值上表示为

$$油压 = 流动压力 - 油气混合液柱重力 - 摩擦力 \qquad (1-2-4)$$

2.9　套管压力

套管压力简称套压，它表示在油管与套管环形空间内，油和气在井口的剩余压力，又叫作压缩气体压力。套压在数值上表示为

$$套压 = 井底压力 - (环形空间内液柱压力 + 气体质量产生的压力) \qquad (1-2-5)$$

测量套压的压力表安装在采气树套管阀门处，与油管和套管之间的环形空间连通。套压的大小反映环形空间压力大小及天然气分离出来的多少。

2.10 井底压力

井底压力是指地面和井内各种压力作用在井底的总和。

2.10.1 静止状态

静止状态时，井底压力在数值上表示为

$$井底压力 = 环空静液压力 \qquad (1-2-6)$$

井内液体处于静止(停止流动)状态时，井底压力在数值上表示为

$$p_b = p_m = 10^{-3} \rho_m g H_m \qquad (1-2-7)$$

式中　p_b——井底压力，MPa；

　　　p_m——环空静液压力，MPa。

环空静液压力是构成井底压力和维持井内压力平衡的主要部分，是实施一级井控的基础。

2.10.2 正常钻进时

正常钻进时，井底压力在数值上表示为

$$井底压力 = 环空静液压力 + 环空流动阻力 \qquad (1-2-8)$$

2.10.3 起管柱时

起管柱时，井底压力 = 环空静液压力 − 抽汲压力 − 起钻时液面下降而减小的压力

$$p_b = p_m - p_{sb} - p_{dp} \qquad (1-2-9)$$

式中　p_b——井底压力，MPa；

　　　p_m——环空静液压力，MPa；

　　　p_{sb}——抽汲压力，MPa；

　　　p_{dp}——起钻时液面下降而减小的压力，MPa。

安全提示：

(1)起管柱时，应及时向井内灌满液体。

(2)起管柱时，井底压力会小于环空静液压力，所以起管柱时应预防抽汲。

2.10.4 下管柱时

下管柱时，井底压力 = 环空静液压力 + 激动压力。井底压力在数值上表示为

$$p_b = p_m + p_{sw} \qquad (1-2-10)$$

式中　p_b——井底压力，MPa；

　　　p_m——环空静液压力，MPa；

　　　p_{sw}——激动压力，MPa。

2.10.5 循环时

循环时，井底压力 = 环空静液压力 + 循环时的环空流动阻力。井底压力在数值上表示为

$$p_b = p_m + p_{bp} \qquad (1-2-11)$$

式中　p_b——井底压力，MPa；

　　　p_m——环空静液压力，MPa；

　　　p_{dp}——循环时的环空流动阻力，MPa。

2.11　井底压差

井底压差是井底压力与地层压力之间的差值。如果井底压力大于地层压力，其差值为正；如果井底压力小于地层压力，则差值为负。井底压差在数值上表示为

$$\Delta p = p_{b} - p_{p} \qquad (1-2-12)$$

式中　Δp——井底压差，MPa；

　　　p_{b}——井底压力，MPa；

　　　p_{p}——地层压力，MPa。

当 $p_{b} > p_{p}$ 时，$\Delta p > 0$，井底为过平衡；当 p_{b} 稍大于 p_{p} 时，Δp 稍大于 0，井底为近平衡；当 $p_{b} = p_{p}$ 时，$\Delta p = 0$，井底压力与地层压力相平衡；当 $p_{b} < p_{p}$ 时，$\Delta p < 0$，井底为欠平衡，出现负压差。

2.12　生产压差

生产压差是指目前地层压力与井底流动压力的差值。一般情况下，生产压差越大，产量越高。气井的工作制度决定了生产压差的大小，气井的工作制度越大，井底流动压力越小，生产压差就越大。选择合理的生产压差，使之既能保证气层能量被合理利用，不破坏气层，又能保证气井具有一定的生产能力。

2.13　波动压力

抽汲压力和激动压力总称为波动压力。

抽汲压力是指由于上提管柱而使井底压力减小的值。抽汲压力值就是压井液向下流动的阻力值。

下放管柱时，因管柱下行挤压井内液体，使其向上流动，井液向上流动受到的阻力便是激动压力，其结果是使井底流动压力增加。也就是说，激动压力值就是压井液向上流动的阻力值。

项目二　压力的表示方法

1　项目简介

压力是井控工作中主要的概念之一。正确理解井下各种压力的概念及其表示方法、相互关系，对于掌握井控技术和防止井喷是非常重要的。

2　常用表示方法

我国石油作业现场一般采用 4 种压力表示方法。

2.1　用压力单位表示

这是一种直接表示方法，如 kPa、MPa 等。

2.2　用压力梯度表示

压力梯度是单位垂直深度或单位高度地层压力的变化量，即单位井深压力的变化值。压力梯度在数值上表示为

$$G = p/H = 10^{-3}\rho g \qquad (1-2-13)$$

式中　G——地层压力梯度，MPa/m；

　　　p——地层压力，MPa；

　　　H——地层垂直深度，m；

　　　ρ——地层流体的密度，g/cm^3；

　　　g——重力加速度，取 9.81 m/s^2。

用压力梯度表示压力，在对比不同深度的地层压力时比较方便，可不考虑地层深度的影响。

2.3 用当量密度表示

地层压力梯度消除了地层深度的影响，如果同时消除地层深度和重力加速度的影响，那么，地层压力便可直接用当量密度来表示。某深度的压力等于具有一定密度的流体在该点所形成的液柱压力，则可以用该密度表示该点的压力，称为地层压力当量密度。地层压力当量密度在数值上表示为

$$\rho_e = \frac{p}{gH} = \frac{\rho g H}{gH} = \rho \tag{1-2-14}$$

式中 ρ_e ——地层压力当量密度，g/cm^3。

由此可知，地层压力当量密度的数值等于形成地层压力的地层水密度。用当量密度表示压力的优点是便于将压力同流体密度相比较，与用地层压力梯度表示相比更为直观。

2.4 用压力系数表示

压力系数（K）是指某深度地层压力与该深度水柱静液压力之比，无因次，其数值等于平衡该地层压力所需液体密度。压力系数在数值上表示为

$$K = \frac{p}{p_\text{水}} = \frac{\rho g H}{\rho_\text{水} g H} = \frac{\rho}{\rho_\text{水}} \tag{1-2-15}$$

项目三 波动压力预防

1 项目简介

波动压力是指在起下钻时，由于钻柱在井内上、下移动引起环空内钻井液产生流动，从而产生一个短暂的附加压力。下钻引起的波动压力使井内压力增加，称为激动压力；起钻引起的波动压力使井内压力减小，称为抽汲压力。两者统称为波动压力。

2 波动压力危害

由于钻井液具有一定的黏度和切力，当快速提升钻柱（尤其是出现缩径、钻头泥包）时，将引起过大的抽汲压力。当抽汲压力达到一定值时就会引起井喷或井眼垮塌，因此应引起足够重视。当下钻速度过快时，同样会引起过大的激动压力，造成井漏，影响井眼安全。

3 波动压力影响因素

3.1 压井液性能

井内的压井液和管柱若都处于静止状态，当管柱由静止状态变为运动状态时，压井液却不能在管柱运动的同时立刻流动，必须克服静切力后才能开始流动。因此，下放管柱开始，为克服压井液的静切力，井底压力将会增加，即产生激动压力；相反，起管柱时，会产生抽汲，使井底压力减小。压井液的静切力越大，产生的激动压力和抽汲力越大。

3.2 起、下管柱速度

起管柱时，井液向下流动产生流动阻力，将使井底压力减小。下管柱时，井内钻具体积不断增加，排挤井液向上流动而产生流动阻力，使井底压力增加。因此，起出和下入管柱都要控制速度，防止产生过大的波动压力。

3.3 惯性力

在起、下钻具或接单根等作业中，钻柱的运动有加速和减速的过程，由此而产生的惯

性力，使井内压力产生波动。加速度越大，产生的波动压为就越大。

3.4　环空间隙

井眼和管柱之间的环空间隙越小，流动阻力越大，波动压力就越大。

4　预防措施

（1）严格控制起、下管柱速度，防止速度过快，尤其是钻头在井底附近或油气层附近以及压井液性能不好时，更应引起注意。

（2）起、下钻具时，尤其是起、下带大直径井下工具的管串时，严禁猛提猛刹，防止产生过大的惯性力和波动压力。

（3）起钻前充分循环钻井液，使其性能均匀，进、出口密度差小于 $0.02g/cm^3$。同时，调整好钻井液性能，防止因切力、黏度过大产生较大的波动压力。

（4）保持井眼畅通，防止因缩径、泥包等引起严重抽汲。

模块三　井内流体的运移

井内流体按压缩性的大小分为气体和液体。气体极易被压缩，也称为可压缩流体；液体几乎不可被压缩，也称为不可压缩流体。流体不能保持一定的形状，而具有很大的流动性。

作业过程中，最常见也是最危险的溢流是气体溢流。由于它在不同温度、压力下具有溶解、膨胀和易燃易爆的特性，使井控变得更加复杂，储气库注采井投产前要经过通井、射孔、酸压等作业程序；投产后由于地层压力变化、流体的腐蚀，不能完全保证生产过程中井筒的完整性，这样就需要通过井下作业正常投产或恢复正常生产。气体溢流是井下作业过程中最大的隐患。天然气侵入井内的方式与在井内的运动状态都不同于油侵和水侵，如果处理不当极容易引发恶性井喷事故。对于储气库高压注采井，井控安全是重中之重。

项目一　气侵途径

1　项目简介

当地层压力大于井底压力时，地层孔隙中的流体(石油、天然气、水)将侵入井内称为井侵。井侵发展到失控时，即地层流体无控制地从地层中流出称为井喷。

井下作业发生溢流的常见原因有：地层压力大于静液压力；井漏导致静液压力小于地层压力；起大直径管柱时，产生的抽汲效应；气侵，导致压井液密度降低。

2　气侵方式

2.1　岩屑气侵

在钻开气层的过程中，随着岩石的破碎，岩石孔隙中的天然气被释放出来而侵入作业流体。侵入天然气量与岩石的孔隙度、含气饱和度、井径、机械钻速和气层的厚度等有关。如果是薄气层，就没有多少天然气侵入作业流体；如果是钻开大段气层时，应控制机械钻速，从而控制单位时间内侵入作业流体中的天然气量。天然气被循环到地面后，应进行地面除气，以减小天然气对作业流体柱压力的影响。

2.2　重力置换

钻遇大裂缝、溶洞时，由于压井液的密度比天然气的密度大，产生重力置换，裂缝、溶洞中的天然气被置换出来侵入井内。

2.3　扩散气侵

在钻开的气层中，天然气通过泥饼向井内扩散，侵入作业流体。扩散进入井内的气体量主要取决于钻开的气层表面积、浓度差和泥饼性质。一般经过泥饼扩散进入井中的气体量并不大，但是当泥饼由于压力激动等原因受到破坏以及长期停止循环时，则扩散进入的气体量就会增加。因此，空井或井眼长时间静止时，应有专人负责观察井口。

2.4　气体溢流

当井底压力小于地层压力时，气体由气层以气态或溶解状态大量地流入和渗入作业流体。如钻至预报的高压层，停泵、接单根等情况时，天然气会大量侵入井内，在井底积聚起大量气体而形成气柱。若不及时关井，很快会发展成为井喷。

项目二　气体变化规律

1　项目简介

气侵后，在气泡上升过程中，气泡上面的压井液液柱高度越来越小，气体所受的液柱压力也越来越小，这就引起气体体积逐渐膨胀，越向上升气体体积膨胀越大，当气体接近地面时气体体积膨胀到最大。

2　气体在井内的状态、膨胀特性及运移

2.1　气体在井内的状态

（1）分散的气泡状态。大多数情况下，由于作业流体流动和钻柱旋转的影响，气体以气泡的形式散布在作业流体中。

（2）连续的气柱状态。如果发生重力置换或长期关井，或者定向井水平段较长时，可在井内形成连续气柱。

2.2　气体在井内的膨胀特性

气体与液体最显著的差别在于其可压缩性或膨胀性。气体受压增大，其体积减小；气体受压减小，体积增大。

（1）气体在上升的过程中一直在膨胀，但是初期体积增量一直都很小，随着向井口的运移，膨胀速度不断增大。

（2）气体膨胀上升初期对井底压力的影响很小，运移至接近地面时井底压力才会明显降低。如果不及时进行控制，将会引发井喷事故。

2.3　气体在井内的运移

气体密度比压井液密度低得多，因此，钻井液中的气体总有一个向上运移的趋势。不管是否关井，气体运移总是可能发生的。

（1）开井条件下，气体在井内滑脱上升或随井液循环上升的过程中体积会膨胀，会排出等量的井液，从而降低井底静液压力，而且越接近地面膨胀速度越快。

（2）关井条件下，在没有发生井漏之前井内气体不能膨胀，所以气体就会保持原有压力而向上移动。由于油压、套压反映的是井内静液压力与井底压力的差值，当气体在井底时其压力是地层压力，也是井口压力与静液压力之和。当气体保持原有压力滑脱上升时，井口压力和井底压力都将增大。当气体到达井口（或井内液柱顶部）时，井口和井底压力达到最高。

项目三　气体对井内压力影响

1　项目简介

天然气是可压缩流体，其体积取决于其上所加的压力。压力增大，体积减小；压力减小，体积增大。天然气的压力与体积变化情况，近似呈"反比例"。天然气侵入井内后，在上升膨胀过程中，特别是接近井口时迅速膨胀，极易诱发井喷。

2　压力影响因素

2.1　静液压力

气体侵入井液后，以游离状态——微小气泡吸附在井液的颗粒表面上，随着井液循环

上返。气泡在上升过程中，由于所受的压力不断减小，体积就逐渐膨胀增大。气侵井液的密度在不同深度是不同的，这时不能以地面气侵井液的密度乘以井深来计算井内液柱压力。即使返到地面时的井液气侵得很严重，形成许多泡沫，密度降低很多，但是，井底液柱压力的减小也并不大。

地面气侵很严重的井液，看起来好像有大量气体侵入，但是，实际上井底只有少量的气体进入。由于气体具有可压缩性，少量气体在井中并不排代许多井液，气体只在接近地面时才膨胀得非常快。

仅仅由于气侵，井底静液压力的减小是非常有限的。只要采取有效的除气措施，保证使泵入井内的井液保持原有的密度，就不会有井喷的危险。但是如果没有及时有效地除气，使气侵井液重新泵入井内，而且继续不断地受到气侵，则井底静液压力将不断减小，最终会失去平衡，导致井喷。

2.2 气柱

由于各种原因而较长时间不循环时，侵入井底的气体往往不是均匀分布的，而是产生积聚现象，形成气柱。气柱在井中上升或被循环的井液推着上行时体积会大幅膨胀增大。

在一些起钻开始时发生局部抽汲的井中是容易发生的。起初，膨胀是很小的，但是当天然气接近地表时膨胀迅速增大。当上升到一定高度后，由于上面压力的减小，气柱的膨胀就足以使上部作业流体自动外溢喷出。

对于因换钻头、电测等作业而起出钻杆的井，虽然在早先检查的时候是平静的，但是有可能由于抽汲以及较长时间停止循环，而在井底积聚相当数量的天然气气柱。由于其轻于作业流体而上升膨胀，或者在下钻循环时上升膨胀，当到达某井深时就会发生作业流体外溢喷出，造成气井突然井喷的严重事故。

项目四　天然气滑脱上升处理

1　项目简介

关井后天然气滑脱上升使井口和井底压力同时升高，将会造成井口设备损坏或井漏事故发生。所以，当井口压力达到一定值时，应做好节流放压处理，其主要目的是允许气体膨胀，降低其压力。

2　天然气上升速度计算

在关井条件下，天然气在环空中的上升速度可通过套压的升高值来计算。由于天然气在环空中不能膨胀，压力就保持不变。因此，关井套压的升高值就是天然气上面井液压力的减小值，天然气上升速度在数值上表示为

$$v_g = (p_{a2} - p_{a1}) / [10^{-3} \rho_m g (t_2 - t_1)] \qquad (1-3-1)$$

式中　v_g——天然气上升速度，m/h；

p_{a1}——关井后 t_1 时刻的套压，MPa；

p_{a2}——关井后 t_2 时刻的套压，MPa；

ρ_m——井液的密度，g/cm³；

g——重力加速度，取 9.81m/s²；

t_1、t_2——关井时刻，h。

一般情况下，天然气在井内的上升速度为 150～1700m/h。

根据天然气上升速度和时间可求出天然气上升距离。天然气上升距离在数值上表示为

$$L = v_g t \qquad (1-3-2)$$

式中　L——天然气上升距离，m；

　　　v_g——天然气上升速度，m/h；

　　　t——天然气上升时间，h。

3　天然气滑脱上升处理

3.1　油管压力法

油管压力法是通过节流阀间歇放出一定量的井液，保持天然气一定的膨胀量，直到到达井口。应使井底压力基本保持不变且大于地层压力，以防止气体再次进入井内。

3.2　容积法

容积法的依据是井底压力的变化是由于地面套压的变化或环空静液压力的变化所引起的。如果出现水眼堵死、管柱起离井底及管柱刺漏等情况，不能使用油管压力法，可采用容积法进行处理。

利用间歇放出井液的方法释放压力，并通过控制套压和放出的井液量控制井底压力，直到溢流天然气到达井口。应控制井底压力略高于地层压力，以防在放压过程中地层中的天然气进入井内。

容积法的假设条件是侵入井内的天然气是一个连续气柱，占据整段环空，忽略气柱本身重力及天然气上升过程中侵入新的天然气。

3.3　顶部压井法

天然气上升到井口后，不准在无循环的情况下将天然气放空，可采用顶部压井法处理。

顶部压井法是从井口注入压井液置换气体，以降低井口压力，保持井底压力不变。

模块四　压井技术

压井技术是指关井后，根据溢流的性质及井下、井口的装备等情况，用压井液将溢流及受污染的液体替换出井，恢复井内压力平衡的工艺技术。

项目一　压井释义

1　项目简介

压井就是向失去压力平衡的井内泵入高密度的压井液，并始终控制井底压力略大于地层压力，不出现新的溢流，以重建和恢复压力平衡的作业。

2　压井原理

压井是以 U 形管原理为依据，利用地面节流阀产生的阻力（即回压）和井内液柱压力所形成的井底压力来平衡地层压力，实现压井目的。

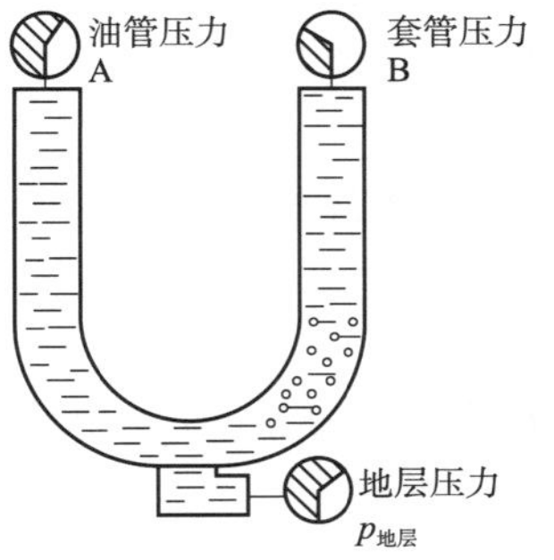

图 1-4-1　U 形管示意图

如图 1-4-1 所示，在静止情况下，$p_{井底} = p_{液柱} + p_{地面}$，而 U 形管底部相连通的地方，其压力一定是相等的，即

A 侧：$p_{A井底} = p_{A液柱} + p_{A地面}$

B 侧：$p_{B井底} = p_{B液柱} + p_{B地面}$

$p_{地层} = p_{A井底} = p_{B井底}$

（1）在静止平衡状态下：井底压力等于油管或环空内静液压力。

（2）在静止关井条件下：井底压力等于关井油管压力加上油管静液压力，或井底压力等于关井套管压力加上环空静液压力。

（3）在动态条件下（反循环）：井底压力是环空静液压力和套管压力的总和减去环空循环压力损失，或油管静液压力、油管压力和油管内循环压力损失的总和。

U 形管的一个重要概念是套管压力与油管压力紧密相关，改变套管或节流压力可以控制井底压力，从而影响立管压力，使之产生同样大小的变化。

项目二　常用压井方法

1　项目简介

压井是井下作业施工中最基本、最常用的作业，往往是其他作业的前提，压井作业的成败，影响该井施工质量和效果的好坏。近年来，压井作业已逐渐成为井下作业的重要工序，是完井的重要保障。提高压井技术水平有利于保护油气层，对预防井喷等重大安全事故发生有着重要意义。

2　压井措施选择

2.1　循环法

循环法是将密度合适的压井液用泵泵入井内并进行循环，密度较小的原完井液或清水被压井用的压井液替出井筒实现压井目的的方法。有时虽然把井压住了，但在井口敞开的情况下，井下也易产生新的复杂情况，这是因为液柱压力尚未完全建立，而压井液被高压气体及液体浸入、破坏，很难建立起井眼与地层系统的压力平衡。循环法压井的关键是确定压井液的密度和控制适当的回压。

(1)反循环压井是将压井液从环形空间泵入井内顶替井内流体，由管柱内上升到井口的循环过程。反循环压井法多用在压力高、产量大的油气井中。因为反循环压井时，液流是从截面积大、流速低的管柱与套管环形空间流向截面积小、流速高的管柱内。

(2)正循环压井则适用于低压和产量较大的油井。在排量一定的条件下，当压井液从管柱内泵入时，压井液的下行速度快，则沿程摩阻损失大，压降也大，对井底产生的回压相对较小。正循环压井应具备以下两个基本条件：一是能安全关井；二是在不超过套管与井口设备许用压力条件下能循环液流。

2.2 挤入法

在油管、套管内既不连通，又无循环通道的井不能循环压井，作业现场在电缆射孔后溢流或下完管柱之前出现溢流，井内无管柱或管柱入井深度不够，一般选用挤注法。该方法在井口只留有压井液的进口，其余管路闸门全部关闭，用泵将压井液挤入井内，把井筒中的油、气、水挤回地层，挤完关井一段时间后，开井观察压井效果。必要时待管柱活动后，有循环压井条件的可洗井，这样有利于提高压井效果。

项目三 压井液选择

1 项目简介

压井是修井施工、油气水井拆卸(打开)井口前最常用、最基本的作业，是其他作业的前提。压井的关键是正确确定地层压力，选择性能合适的压井液。

2 压井液应具备的功能

(1)与地层岩性相配伍，与地层流体相容，保持井眼稳定。

(2)密度可调，以便平衡地层压力。

(3)在井下温度和压力条件下稳定，滤失量少。

(4)有一定携带固相颗粒的能力。

3 影响压井液选择的因素

3.1 物理因素

(1)环空流速。环空流速会影响压力损耗的大小和井眼冲洗能力。流速不足可能是设备能力有限、体系压力损失大、环空间隙或整个系统因素导致的结果，此时应提高流体的速度。

(2)环形空间。使用井下装置时，应选择有良好流变性的压井液，减轻抽汲作用。

(3)循环次数。通常有部分流体不能长期循环，要求压井液具有稳定性，其悬浮性、热稳定性、静切力、失水量、密度等不超过预定范围。

(4)完井液的成分。完井液在油井中与地层的配合性，在射孔作业中完井液遭受极高的压力和温度，弹道不应产生釉现象。

3.2 地层因素

(1)地层压力。液柱压力等于地层压力加预定的安全系数，井下工具的运动造成的抽汲压力不致地层流体侵入井筒。

（2）温度。在井温下有保持流变性的能力。混合盐水不随温度变化而产生结晶。

（3）其他因素。污染物、经济效益（最经济的压井液是能满足基本的和特定的目的）、公害、地面储罐、再利用问题都是影响压井液选择的因素。

4 压井保护措施

4.1 选用优质压井液

（1）对于低产低压井，在保证井控安全的前提下采用低密度压井液。

（2）在有井控安全措施的情况下，可采取不压井作业。

（3）液池（罐）干净、无杂物，作业泵车和管线要经过清洗。

（4）加快施工速度，完井后要及时开井生产。

4.2 选定压井液的原则

（1）在确保不发生井喷的前提下，充分考虑油气层保护。

（2）性能满足本井、本区块的地层要求。

（3）能满足正常施工要求，经济合理。

4.3 压井液性能

压井液性能的好坏直接影响施工安全，应具有与地层岩性配伍、密度可调，在井下温度和压力条件下稳定、滤失量少，以及有一定携带固相颗粒的能力等功能。

4.4 密度计算

4.4.1 地层压力法

依靠增加井筒液柱的回压来制止井喷，要求压井液柱形成的井底压力至少与地层静压相平衡，即 $p_{地层} = p_{液柱} + p_{地面}$。

要保证井控安全，必须提高井筒液体的密度，在平衡密度值上附加一个值，其计算公式如下：

$$\rho_m = \frac{p}{10^{-3}gH} + \rho_e \qquad (1-4-1)$$

式中　ρ_m——压井液密度，g/cm^3；

　　　p——地层压力，MPa；

　　　g——重力加速度，m/s^2；

　　　H——油气层深度，m；

　　　ρ_e——安全附加值，油井为 $0.05 \sim 0.10 g/cm^3$，气井为 $0.07 \sim 0.15 g/cm^3$。具体选择安全附加值时，根据地层压力预测准确度及预测的有毒有害气体情况来确定。

4.4.2 附加系数法

压力系数是油气层原始地层压力与静水柱压力的比值。通过预计油气层压力系数来确定压井液密度，具体方法是以最高地层压力为基准，增加一个附加值，其公式如下：

$$\rho_m = \rho_{pmax} + \rho_e \qquad (1-4-2)$$

式中　ρ_{pmax}——油气层静压力当量密度，g/cm^3。

附加系数法与地层压力法本质上是相同的，只是公式形式不同而已。

4.4.3 压井液准备量

压井液准备量一般为井筒容积的 1.5 ~ 2 倍，浅井和小井眼为井筒容积的 3 ~ 4 倍。井筒容积理论计算公式为

$$V = \pi D^2 H/4 \tag{1-4-3}$$

式中 V——井筒容积，m^3；

D——井筒内径，m；

H——井深，m。

4.5 压井液密度选择

遵照压井原则，考虑压井及作业的有效率，按压井时井筒压井液液柱压力大于地层压力 1 ~ 1.5MPa 选择压井液密度。

5 安全技术要求

（1）在满足井下作业要求条件下，应简化地面管线，布局要合理紧凑，减少水力损失，有利于安全生产。

（2）所有管线连接好后，应进行地面试压，试压值为工作压力的 1.2 ~ 1.5 倍，保证无刺漏。

（3）出口接硬管线，内径不小于 $\Phi62mm$，要考虑当地季节风向、居民区、道路、设施等情况，并接出井口 35m 以外，转弯夹角不小于 120°，每隔 10 ~ 15m 用水泥墩、螺栓或地锚固定。

（4）压井管汇额定工作压力与所用防喷器组合的额定工作压力一致。

（5）不允许将压井管汇作为日常灌注管线使用。

6 安全注意事项

（1）压井作业前应检查设备设施，以免中途停泵，造成压井液气侵。

（2）高气油比井可用清水循环除气，待出口见水后，再替入压井液

（3）为保护产层，应避免压井时间过长，减少压井液对产层污染。

（4）当进口液量超过理论井筒容积时仍不返出或大量漏失，应停止作业，请示有关部门，采取有效措施。

（5）压井时，人员不应在高压区穿行；如出现刺漏，应停泵泄压后再处理；开关闸门应侧身操作。

（6）若需重复压井，必须将前次压井液排净，排出量应为井筒容积的 1.2 ~ 1.5 倍。

模块五 井控设计

井控设计是储气库工程设计的重要组成部分。井控设计的目的是满足施工过程中对井下压力的控制，防止井涌、井喷以及井喷失控事故的发生。井控设计内容主要包括合理的井场布置、符合储气库注采气要求和井控要求的井口装置、适合油气层特性的压井液类型、合理的压井液密度以及确保井控安全的工艺与施工措施等。科学合理的井控设计对于保证储气库井控安全以及注采井长期高效生产具有十分重要的意义。

项目一 井控设计资料

1 项目简介

油气井基本资料是提供给设计、施工的依据，主要包括基础数据、地质数据、钻井数据、完井测试数据以及试采数据等内容。

2 设计资料

2.1 基础数据

地理位置、构造位置、井口坐标、井别、井口装置规格、开完钻日期、完钻层位、人工井底和井斜情况等。

2.2 地质数据

钻遇地层、录井显示、测井解释数据、区域地质资料，井场周围500m以内的居民住宅、学校、厂矿等分布资料(对高压、高产及含硫化氢天然气井应提供1km以内的居民住宅等分布资料)，气井与周围注水(气)井的连通情况，井位、道路和周围环境等情况。

2.3 钻井数据

井身结构、套管数据、固井质量以及钻开油气层的作业流体性能、漏失量、井涌、取心情况等。

井身结构包括一口井的套管层次、各层套管的直径和下入深度、各层套管相应的钻头直径和钻进深度、各层套管外的水泥上返高度等。套管数据包括井段、外径、钢级、壁厚、抗内压、抗外挤、内容积等。

2.4 完井测试数据

包括完井测试数据、测试成果两部分内容。

完井测试数据包括完井方式、井内管串结构、井内封层、中途测试数据、测试层位、完井液密度、测试成果以及邻井的试油(气)作业情况。

测试成果包括地层压力、流体成分、流体产能和储层评价等。

2.5 试采数据

产量、油压、套压、井口温度，井底流温、流压，综合含水率，水井注入方式、注入压力等。

项目二　井控设计内容

1　项目简介

科学合理的井控设计，对于保证注采井井控安全、长期高效生产具有十分重要的意义。工程设计应根据不同的施工目的，优化施工工序，计算施工参数，合理选择施工材料、设备和工具，以保证地质设计的顺利实施。

2　设计原则

（1）保护油气层。油气层一旦发生损害，补救是很困难的，需要付出昂贵的代价，因此，设计时应该考虑油气层的保护。

（2）成本与安全。成本与安全的平衡是设计的一项重要原则。降低成本的方法有很多，但是井控所需要的器材、设备和人员应当得到绝对的保证，否则将会产生严重的后果。一般来说，在安全与成本发生矛盾时，应以安全作为首先考虑。

（3）保护环境。环境保护是我国的基本国策，设计时应充分考虑设计风险对环境带来的影响。

3　设计要素

施工设计包括目的、基础数据（产量、压力）等生产数据、目前井下状况、施工要求、施工步骤、安全注意事项、井控安全要求及预防井喷措施等。

（1）按照压力等级、流体特性等情况，选用相应类型及大于地层（或最高关井井口）压力等级的井口装置。

（2）确定入井液类型、性能、数量及压井材料。

（3）施工步骤明了细化，针对每道工序有对应的井控措施。

（4）有井控安全注意事项，对可能出现的异常情况和紧急应对措施进行详细表述。

（5）对井场周围一定范围内的居民住宅、学校、厂矿、国防设施、高压电线和水资源等情况进行勘查核实，在施工设计中标注说明并制定相应的井控预防疏散措施。

（6）提醒施工人员及其他有关人员注意的问题应清楚、明了。

（7）井场设备就位与安装、工具摆放应符合有关规定，道路及井场布置应能满足突发情况下应急需要。

4　压井液设计

（1）压井是将具有一定性能和数量的液体泵入井内，使液柱压力平衡地层压力的过程。

（2）压井是修井施工、油气水井拆卸（打开）井口前最常用、最基本的作业，是其他作业的前提。

（3）压井的关键是正确确定地层压力，选择性能合适的压井液。常用的压井液有清水、污水、卤水、钻井液和无固相钻井液等。

项目三　固井工艺

1　项目简介

固井是储气库注采气井建井过程中的关键环节。与其他钻井环节相比，固井作业具有明显的特殊性。它是一次性作业，如果质量不好，一般情况下难以补救，固井质量的好坏是衡量一口井质量优劣的重要指标。

2 固井设计(以卫 11 储气库为例)

2.1 固井前准备

(1)下套管前通井。

(2)下套管前应压稳气层,油气上窜速度不宜大于 15m/h,油气上窜速度应满足安全下套管及固井施工要求。

(3)在钻井过程中发生过漏失或有漏失风险的井,下套管前应进行地层承压试验。承压试验压力当量密度应不低于固井过程中环空最高动液柱压力当量密度,承压能力达不到要求应重新实施堵漏作业。

2.2 固井要求

2.2.1 环空间隙

套管与井壁环空间隙不小于 19mm。

2.2.2 气密封性

(1)生产套管及封固盖层段的技术套管采用气密封螺纹套管。

(2)生产套管及封固盖层段的技术套管应逐根进行螺纹气密封性现场检测,检测压力不低于储气库最高运行压力的 1.1 倍,但不超过套管抗内压强度的 80%。

2.2.3 尾管悬挂器

尾管与上层套管重叠段长度应不小于 200m。生产套管需分段固井时,宜选用尾管悬挂再回接的方式。

2.3 候凝

(1)生产套管固井在保证井下无漏失的情况下推荐环空憋压候凝。憋压候凝时应根据漏失压力、气层压力和环空液柱压力及水泥浆失重计算加压值。

(2)除表层套管固井外,其余开次固井候凝时间不少于 48h,低密度水泥浆体系固井候凝时间不少于 72h。

(3)候凝期间不应进行任何井下作业。

2.4 固井技术要点

2.4.1 表层套管固井

(1)表层套管尺寸较大,易错扣、接单根时间长,要防黏卡及遇阻等。下套管时严防错扣,上扣要达到规定的扭矩值。发现错扣后必须重上;上扣不到位,不得使用电焊加焊处理。

(2)认真执行固井作业规程,下套管过程中要认真观察井口泥浆返出情况。

(3)采用常规法固井时,下部 1~2 根套管上紧扣后,涂丝扣胶,防止磨套管附件时卸扣。

(4)精心操作,控制上提和下放速度,减少井内压力激动,防止井漏。

(5)固井水泥要返至地面,否则要从井口环空灌注水泥浆,确保井口部位封固好。

(6)固井后立即找正、固定井口,防止二开井口偏斜。

2.4.2 技术套管固井

(1)把好井身质量关,下套管前必须通井,通井钻具的刚度要大于套管的刚度。在阻卡井段反复进行短起下作业，必要时进行划眼，保证井眼畅通。如有井漏，先堵漏后固井。

（2）下套管前，模拟固井施工压力，做好地层承压试验，满足要求后方可进行下套管作业。

（3）下套管前，对机房动力设备、钻井泵、钻机、循环系统等关键设备进行检修保养，保证固井施工中钻井设备运转正常。

（4）套管螺纹必须清洗干净，使用标准螺纹密封脂，并涂抹均匀。

（5）要求使用双作用浮鞋和浮箍，确保密封效果。

（6）套管上钻台严禁磕碰。控制套管下放速度，减少井内压力激动，防止井漏。并有专人观察井口钻井液返出情况，定时灌满钻井液。

（7）下套管作业，要求由专业下套管队伍施工，上扣扭矩达到规定值，严格控制套管上扣速度，用自动记录仪记录。

（8）按设计要求下入扶正器，保证套管居中度。

（9）下完套管后先灌满钻井液，然后小排量顶通，待泵压和返浆正常后再逐渐增加排量，最后按要求的排量循环洗井，保证井眼干净。

（10）采用四级隔离冲洗工艺，即先导浆＋加重隔离液＋界面冲洗液＋稀水泥浆冲洗工艺，提高界面胶结质量。

（11）技术套管采用双密度水泥浆体系。如果地层承压允许，常规密度水泥浆返高不小于1000m，如果地层承压不允许，常规密度水泥浆最低也应在盐顶以上200m，以确保固井质量。上部采用较为成熟的非渗透防漏防窜高强低密度水泥浆体系，密度为1.35～1.50g/cm³，防止固井时发生漏失，降低施工压力。

（12）顶替采用紊流加塞流复合顶替模式，提高顶替效率。

（13）固井过程中，有专人观察井口钻井液返出量，分析判断井下情况。

（14）要求各岗位紧密配合，确保注水泥作业连续进行。如果回压凡尔失灵，候凝期间要派专人观察井口压力变化，按要求放压，发现异常及时采取措施。

2.4.3　生产套管固井

（1）下套管前必须通井，通井钻具的刚度要大于套管的刚度，在阻卡井段反复进行短起下作业，必要时进行划眼，保证井眼畅通。如有井漏，先堵漏后固井。

（2）最后一次通井时，用原钻具结构加扶正器对缩径井段反复划眼，保证套管能顺利下入。要求用稠泥浆循环携砂一周，确保井眼干净，在钻井液内加入润滑剂，并调整好钻井液性能，确保套管一次性下至设计井深。

（3）下套管前必须按设计进行承压试验，具体试压数值在完钻后由固井施工设计确定。下套管前应压稳地层，确保油气上窜速度小于10m/h。

（4）下套管前对机房动力设备、钻井泵、钻机、循环系统等关键设备进行检修保养，保证固井施工中设备运转正常。

（5）气密封特殊螺纹套管在检验、搬运、装卸、清洗和下井连接等作业过程中一定要格外注意，避免出现磕碰、划伤和锈蚀。必须将套管螺纹清洗干净，并使用特殊螺纹密封脂涂抹均匀，密封脂里不能混有杂物。

（6）要求使用浮鞋和带弹簧的浮箍，每口井使用两个浮箍，确保密封效果。

（7）下套管前确保井口正直，防止因井口偏斜导致 P110 – S13Cr 套管憋坏。要求由专业下套管队伍进行气密封检测和微牙痕下套管施工，上扣扭矩达到规定值，严格控制上扣速度，逐根进行气密封性检测，并用自动记录仪记录。

（8）套管上钻台戴好护丝，严禁磕碰。控制套管下放速度，减少井内压力激动，防止井漏。并有专人观察井口钻井液返出情况，定时灌满钻井液。

（9）按设计要求下入扶正器，保证套管居中度。

（10）根据完井尾管组合，配接完井管柱，并依次下入井中。严格按规定扭矩上扣。

（11）接完悬挂器后记录管柱的悬重，用钻杆将其送入井中。由于悬挂器带有倒扣丢手，因此，悬挂器入井以后，严禁旋转管柱。

（12）完井管柱进入预定位置上部 20m 时，控制好下放速度，每根立柱下放时间不少于 3min，将管柱平稳下放到设计位置。若中途遇阻可小幅度上下活动管柱，遇阻加压不超过 5t。

（13）下到设计深度后，记录管柱的悬重。

（14）投球、坐挂、丢手悬挂器工序按工具方指令执行。

（15）优选冲洗型隔离液，要求隔离液与水泥浆、钻井液相容性好，有利于冲洗井壁上的虚泥饼，易达到紊流顶替，以提高顶替效率和固井质量。

（16）提前做好水泥浆试验，按要求的时间配水并做好水泥浆大样复试，水泥浆的各项性能满足设计和施工要求后方可进行固井作业。

（17）固井过程中，有专人观察井口钻井液返出量，分析判断井下情况。

（18）要求各岗位人员紧密配合，确保注水泥作业连续进行。

（19）固井候凝 72h 后，先进行固井质量电测后再进行下步作业。

（20）尾管固井候凝后，回接套管至井口，最上面一根生产套管本体必须保证光滑无锈斑。

（21）微牙痕下套管技术措施。

①起吊套管时必须使用尼龙绳，起吊时要求操作平稳、缓慢，要求公扣端用尾绳拉紧，绝对防止碰撞。套管沿橡胶铺垫方向吊起，在橡胶铺垫上向前滑动。套管拉上钻台前必须戴好母扣护丝和公扣护丝，护丝必须全部戴完扣。

②扣合吊卡时应慢推轻扣，平稳操作，严禁猛烈撞击套管本体。公扣、母扣对扣连接时，应使用引扣器对扣，以避免下放对扣碰伤丝扣。

③涂套管密封脂。用毛刷将丝扣油均匀涂在公扣上，如能够看到套管本体，说明涂得太少，如能看到刷印，说明涂得太多。

④引扣器对扣。用布袋钳或摩擦钳引扣，上下连接的两根套管保持在同一轴线上，避免错扣。

⑤连接丝扣。以 5～20r/min 的转速将扭矩上至预定值，到预定参考扭矩后，将套管钳转至低挡，以 1～5r/min 的转速上完余扣，扭矩值到达最佳值时自动停止上扣。其扭矩值以套管厂家提供的最佳扭矩值为准。

⑥控制下放套管速度。套管的下放速度不宜过快，控制管串下放速度在 0.25～0.3m/s

（1.5～2min/立柱，35～45s/根）。吊卡在接近转盘时，慢慢下放，避免冲击载荷对丝扣和管体造成损伤。

2.4.4　回接套管固井

（1）做好井眼准备工作，用原入井钻具结构进行扫上塞和磨铣回接筒工作，确保喇叭口不会损坏，并清洗回接筒内壁使之光洁、圆滑，有利于插头的进入并有效地实现密封。

（2）铣鞋、插头等工具要使用尾管悬挂器厂家推荐的产品，性能要可靠。送到井场和入井之前进行严格检查，同时服务人员到现场进行指导，严格按照现场服务人员的要求操作。

（3）采用引导式回接插头，将水泥浆引入回接筒内，提高回接插头与回接筒之间的密封性。

（4）下套管前对机房动力设备、钻井泵、钻机、循环系统等关键设备进行检修保养，保证固井施工中设备运转正常。

（5）气密封特殊螺纹套管在检验、搬运、装卸、清洗和下井连接等作业过程中一定要格外注意，避免出现磕碰、划伤和锈蚀。必须将套管螺纹清洗干净，使用特殊螺纹密封脂涂抹均匀，密封脂里不能混有杂物。

（6）要求由专业下套管队伍进行气密封检测和下套管施工，保证上扣扭矩达到规定值，严格控制上扣速度，逐根进行气密封性检测，并用自动记录仪记录。

（7）使用符合 API RP 5A3 标准的套管螺纹脂，套管上扣使用配有计算机进行扭矩监测的液压套管钳。

（8）使用厂家指定的节流浮箍，确保密封效果。

（9）下套管结束后试插、验封，具体操作按工具服务厂家要求执行。

（10）试插完毕后，上提套管，将回接插头拔出回接筒，循环泥浆 1 周后固井。

（11）采用四级隔离冲洗工艺，即先导浆＋隔离液＋界面冲洗液＋稀水泥浆冲洗工艺，提高界面胶结质量。

（12）采用预应力固井，轻浆顶替，减小套内压力，候凝期间环空加回压，从而提高环空水泥环的充实度。

（13）为提高胶结质量，选用防窜弹韧性水泥浆体系，加入界面增强剂、长效膨胀剂等外加剂，抑制水泥石收缩，稳定浆体，防止水泥石收缩及析出滤液引起的界面气窜通道。

（14）要求各岗位人员紧密配合，确保注水泥作业连续进行。

（15）固井候凝48h后，先进行固井质量电测后再进行下步作业。

2.5　固井质量评价

（1）水泥环胶结质量检测应选择声幅/变密度测井，生产套管及盖层段宜增加成像测井，对盐岩等特殊地层固井质量检测可增加伽马密度测井。固井质量测井前不应替换钻井液，也不应进行井筒试压。

（2）为保证气藏盖层密封性，要求储气层顶部盖层段连续优质水泥段长度不小于25m，为更好地保证储气库质量，储气库二开固井质量要求盐底下部优质封固段长度不小于30m。

（3）三开固井质量采用 SBT 或 IBC 测定，要求生产套管固井段良好以上胶结段长度占比不小于 70%，气层顶部优质封隔段长度不小于 200m。

2.6　套管柱试压

（1）生产套管柱试压值应不低于储气库注采井最大运行压力的 1.1 倍。

（2）井口压力不应超过井口设备的额定压力。

（3）套管柱任意一点压力值不应超出套管抗内压强度的 80%，必要时可采用分段试压的方式。

（4）以 30min 压降不大于 0.5MPa 为合格。

项目四　常用完井管柱评价

1　项目简介

完井管柱是完井工程的重要部分。完井管柱必须与井下状况、地面条件相适应，具备测试功能和自动控制的安全功能。

2　适用性分析

目前，采气、注气管柱结构虽然有多种，采用的井下工具组合也多样，但根据管柱功能可划分为以下几种类型。

2.1　光油管管柱

2.1.1　优点

最简单的采气管柱，结构简单、施工方便、费用低。

2.1.2　缺点

（1）安全控制程度低，紧急情况下（如井口失控）无法实现关井，井口发生故障时，需压井排除故障。

（2）生产过程中套管承压，直接接触流体，相对于有油套环空保护的气井，寿命较短。

（3）光油管附带简单功能的管柱，如光油管带气举阀的管柱，在油管上增加用于井筒排液的气举阀；再如光油管带井下气嘴的管柱，在油管下部安装井下气嘴，靠地温加热膨胀气体，减少井口结霜和冰堵等。管柱中间节流，不适用储气库大流量需要。

2.2　带封隔器保护的管柱

2.2.1　优点

（1）管柱由气密封扣油管、投杆打开式滑套、可取式封隔器组成，在储层上部坐封封隔器密封油套环空，隔断流体与套管的接触，往油套环空灌注环空保护液，减缓套管内蚀、油管外腐蚀速度，延长气井和管柱的使用寿命。

（2）近几年在中原、华北、华东、东北等地区注 CO_2、注 N_2、注空气井中成功使用。目前在用的井下工具为国产设备，费用低。

2.2.2　缺点

（1）安全控制程度低，紧急情况下（如井口失控）无法实现关井，井口发生故障时，需压井排除故障。

（2）由于受国内橡胶技术的限制，管柱使用寿命较短。若使用国外封隔器，可延长管柱使用寿命。

2.3　带液控井下安全阀的管柱

2.3.1　优点

（1）国内外高产气井和枯竭砂岩储气库常用管柱，技术成熟，应用广泛，安全控制性能高、功能全面。

（2）重点考虑安全控制的可靠性，封隔器密封油套环空，在地面控制井下安全阀打开、关闭油管通道，实现地面下关井；灌注环空保护液，延长气井和管柱的使用寿命。

（3）极端情况下（如失去井口部分）自动从井下关井，井下安全阀能实现定期开、关检查，井口发生故障时能临时关断流体通道进行故障排除。

（4）能实现循环滑套以上管柱的整体密封性验证。

（5）能够实现不动封隔器检修上部管柱。

（6）能够对封隔器下流体通道进行堵塞，实现不压井作业。

（7）保护套管和油管外部不接触流体，减缓腐蚀，延长气井使用寿命。

2.3.2　缺点

（1）整体管柱检修作业较复杂，需对封隔器进行磨铣才能取出。

（2）不动封隔器检修上部管柱时，存在再次插入密封不严的风险。

（3）开、关滑套和坐落接头内堵塞施工需要专业的钢丝作业。

（4）工具组件依赖进口，费用较高。

项目五　完井管柱设计

1　项目简介

下入完井管柱使生产井或注入井开始正常生产，是完井工程的最后一个环节，生产管柱设计的合理性直接关系到生产井或注入井能否正常生产。

2　设计原则

（1）能够实现井下快速关断及满足强注强采交替变化的应力作用要求。

（2）能满足定期或实时监测的需要，配套工具性能可靠。

（3）整体安全可控和保证其气密封，满足钢丝作业及后期作业需求，管柱变径处不产生冲蚀现象。

3　管柱设计

3.1　管串结构设计（以卫11储气库为例）

依据储气库储层特点及生产需要设计生产管柱，结构如图1-5-1~图1-5-3所示。

（1）图1-5-1为安全控制注采管柱，适用于储层与井筒已沟通的注采井，如已射孔的套管固井完井的井。

（2）图1-5-2为环空保护生产管柱，是安全控制注采管柱的简化管柱，管柱中去掉了井下安全阀，通过循环滑套可实现随时压井，适用于注气压力低、配产低的注气井。

（3）图1-5-3为存储式监测管柱，可通过钢丝作业将存储式测试仪器下入坐落接头位置，进行一段时间的测试，取出后回放获得测试数据，适用于老井监测井，该类管柱可根据相关标准及规范的要求增加安全配置。

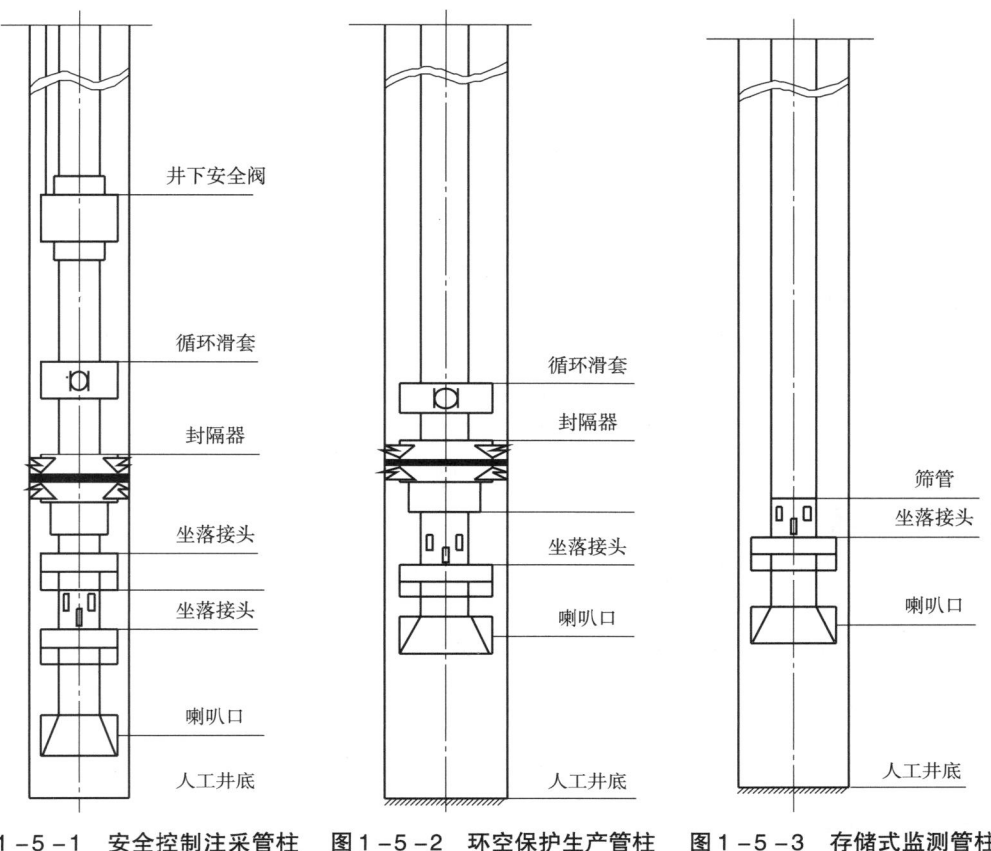

图 1－5－1　安全控制注采管柱　图 1－5－2　环空保护生产管柱　图 1－5－3　存储式监测管柱

3.2　完井管柱推荐

综合钻井工艺、储层保护、投产井控安全等因素，注采井和监测井完井管柱等设计如下。

3.2.1　注采井完井管柱

对于注采井，考虑到产期注采安全生产需要，推荐采用安全控制注采管柱，运行过程中加强生产监测，出现异常随时压井。

3.2.2　采气井管柱

（1）对于采气压力超过 15MPa 的采气井，推荐采用安全控制注采管柱，运行过程中加强生产监测，出现异常随时压井。

（2）对于采气压力不超过 15MPa 的采气井，推荐采用环空保护生产管柱，它是安全控制注采管柱的简化管柱，管柱中去掉了井下安全阀，通过循环滑套可实现随时压井。

3.2.3　监测井完井管柱

因该类井不生产，运行过程中可加强生产监测，出现异常随时压井，故设计采用存储式监测管柱，监测时通过钢丝作业下入存储式监测仪器实现监测施工。

3.2.4　备用井管柱

对于短期不投入生产的备用井，建议在封堵产层后下入光油管管柱完井。

项目六　井下工具选择

1　项目简介

储气库运行周期长，一般为 30～50 年，要求注采井强注、强采，并且周期循环，必须能承受强注、强采交变应力的影响。

2　井下工具功能设计

管柱的设计，要求完井管柱需要安装井下安全阀，具备在紧急情况下能实现井下关断的功能；保证管柱坐封时的密封性及后续生产过程中满足监测需求；必要时能建立循环压井的通道等。注气管柱一般由井下安全阀、循环滑套、坐落接头、封隔器及剪切球座等组成。

2.1　井下安全阀

（1）具有在紧急情况下自动关闭、封闭井下通道、保障安全生产运行的功能。

（2）基本结构为关键的阀板密封机构及液压控制系统。

（3）遇紧急情况，经地面控制柜通过控制管线传递的液压信号可控制阀板的开启和关闭，从而实现井下关断功能。

2.2　循环滑套

（1）可在必要时通过滑套的开关，连通油管和套管的环形空间，为不同的措施工艺（防腐液灌注、洗井、压井等）提供正常的流体循环通道。

（2）基本结构由阀体、中间接头及关键的密封组合件组成。

（3）作业时通过下入开关工具对中间接头进行作用实现阀孔的开启和关闭，即可控制油套循环通道的开启和关闭。

2.3　坐落接头

（1）能在必要时保证管柱的密封性。

（2）生产过程中坐挂测试仪器进行测试作业及不动管柱进行不压井作业等。

（3）基本结构就是在普通接头内部加工不同尺寸的台阶、凹槽，从而实现其功能。

（4）从长期的施工、安全性和后期测试等角度考虑，整体管柱配置两个坐落接头。封隔器上部配置的坐落接头主要是若生产过程中出现套管带压现象可为上部油管试压时提供密封，有利于判断是油管还是封隔器出现问题；下部配置的坐落接头能保证封隔器在坐封失败时可进行二次坐封。

（5）生产过程中坐挂测试仪器进行测试作业，必要时还可以不动管柱通过投送堵塞器进行不压井作业。

2.4　封隔器

（1）能实现油套环空的封隔，是进行井下紧急关断的配套工具。

（2）基本结构有可取式封隔器和永久式封隔器两种。可取式封隔器后期可通过上提（或旋转）方式解封以及下专用工具解封（可提升封隔器的可靠性，下入时连同完井管柱一起下入投产；在封隔器不失效的情况下只需动上部回插管柱，为后续的检修作业提供方便）。永久式封隔器后期通过钻铣方式取出。两种封隔器均可满足储气库后期运行需要。

2.5　剪切球座

（1）保证封隔器坐封时的密封性，保证坐封完成后油管的大通径。

（2）基本结构是将球座通过剪钉内置在短节本体内。

（3）作业前，投球到预定位置，试压合格后，通过地面泵入坐封压力实现封隔器坐封；坐封后继续打压剪断剪钉，球与球座掉入井底。

项目七　入井液选择

1　项目简介

入井液主要用于完井作业工序中，主要包括射孔（压井）液、环空保护液，入井液用量、化学性能及在生产层段滞留时间等是影响储层污染伤害的重要因素，选择合适的完井方式及与其相匹配的入井液类型对于实现储层保护和储气库高效开发具有十分重要的意义。

2　入井液设计

2.1　遵循原则

（1）在保证井控安全的条件下，应减少入井液用量，同时尽可能采用无固相体系，避免固相颗粒侵入造成的储层伤害。

（2）入井液流体具有良好的储层配伍性和热稳定性，满足储层保护和储气库长期安全生产需要。

（3）入井液组分尽可能选用绿色环保与环境友好型化学生物制剂，入井液液体配制简单方便，现场施工操作安全可行。

2.2　入井液分类（以卫11储气库为例）

入井液主要有射孔（压井）液和环空保护液两种。

2.2.1　射孔（压井）液

根据不同的完井方式和完井管柱，射孔（压井）液可分为无固相射孔保护液体系和分步压井作业射孔（压井）液体系两类。

（1）无固相射孔保护液体系。

无固相射孔保护液体系主要组分有无机盐、防膨剂和表面活性剂等，体系具有黏度低、黏土防膨效果好（黏土防膨率≥80%）、无固相堵塞伤害、无聚合物伤害等特点，与储层及流体有较好的配伍性。

射孔生产一体化完井管柱采用完井管柱到位后再射孔的投产方式。现场施工中仅需要考虑射孔作业安全，不存在因射孔液大量漏失造成的井控风险。选取对储层伤害最小的射孔保护液体系作为射孔液，实现最大限度地保护油气藏，且在保证射孔作业安全条件下，射孔液用量遵循最少量设计原则。

（2）分步压井作业射孔（压井）液体系。

对于需要采取分步压井作业的注采井，由于需要起、下井下作业（射孔）管柱作业，存在压井液漏失而造成安全井控风险，因此射孔（压井）液体系设计时要兼顾井控安全和储层保护，而采用滤失控制型射孔（压井）液体系。

滤失控制型射孔（压井）液体系主要有泡沫暂堵体系、无固相聚合物体系和固相暂堵体系等。从储层保护角度考虑，分步压井作业完井管柱配合控制滤失型压井（射孔）液体系均存在不同程度的储层污染伤害，应谨慎采用。

2.2.2 环空保护液

储气库井下封隔器以上的油套环空没有高温高压气体，只有相对稳定的液体。注采井井下可能发生的腐蚀类型主要有溶解盐腐蚀、溶解氧腐蚀和微生物腐蚀。与之对应的防腐措施主要有采用高等级防腐材质、阴极保护技术和环空保护液技术。综合考虑腐蚀介质和经济成本，选取添加环空保护液防腐技术，具有平衡井下管柱受力、延长井下管柱和工具使用寿命等作用。

2.3 现场应用

（1）采用低伤害无固相射孔液，添加黏土稳定剂，防止射孔液滤液侵入储层引起水敏损害，添加防水锁剂，防止水锁造成的损害。

（2）根据钻井提供的地层层序、地层压力预测等资料和要求，采用低滤失无固相压井液，加入黏土稳定剂，防止压井液滤液侵入储层引起水敏伤害，添加稠化剂和降滤失剂，防止压井液大量漏失，添加缓蚀剂，减少压井液含氧量，防止电化学腐蚀，有效防止对油管、套管的腐蚀。

（3）储气库设计寿命长，管柱使用周期长，采用低腐蚀长效环空保护液，添加阻垢剂、抑菌剂和除氧剂，保护套管及生产油管，降低套管及生产油管的腐蚀速率，保障储气库长期稳定运行。

单元二 储气库地质概况

天然气地下储气库简称储气库，储气库为天然气注入、储存、采出的地下地面一体化系统。储气库按照流体性质和储集空间分类，通常有气藏、油藏、水层、盐穴、矿坑等类型。储气地质体是由储气层、上覆盖层、下伏地层、断层、围岩，以及相关油、气、水组成的一个或多个圈闭构成，对天然气多周期注采储存具备"纵向封存、横向遮挡"的地质单元。

模块一 储气库地质与气藏工程

项目一 储气库术语

1 项目简介
本项目界定了天然气地下储气库的专用术语，适用于气藏型、油藏型、水层型、盐穴型、矿坑型等天然气地下储气库。

2 常规术语

2.1 气藏型储气库

利用气藏改建的储气库。

2.2 油藏型储气库

利用开发油藏改建的储气库。

2.3 水层型储气库

利用地下含水构造建成的储气库。

2.4 盐穴型储气库

利用地下盐穴建成的储气库。

2.5 矿坑型储气库

利用矿坑或地下通道，经过密封处理后建成的储气库。

2.6 储气层

储气库用于储存天然气、具有一定渗流能力的储层或具有良好密封性能且适合建造地下空洞的岩层。

2.7 监测层

用于监测储气库密封性的储气层邻近地层。

2.8 原始孔隙体积

用油气藏开发动态法计算的含油气孔隙体积。

2.9 提压系数

储气库设计上限压力与静水柱压力的比值。

2.10 上限压力

根据地质/工艺条件和完整性要求，储气库方案设计的最大地层压力。

2.11 下限压力

根据地质/工艺条件和完整性要求，储气库方案设计的最小地层压力。

2.12 储气体积

储气层中充填天然气的原始孔隙体积或空洞的总体积。

2.13 有效储气体积

储气库建库可利用的储气体积。

2.14 库容量

储气库达上限压力时储气体积内储存的天然气量在标准参比条件下的体积。

2.15 有效库容量

储气库达上限压力时有效储气体积内储存的天然气量在标准参比条件下的体积。

2.16 工作气量

储气库从上限压力运行到下限压力时采出的天然气量在标准参比条件下的体积。

2.17 垫气量

储气库达下限压力时储存的天然气量在标准参比条件下的体积。

2.18 基础垫气量

气藏废弃压力时储存的天然气量在标准参比条件下的体积。

2.19 附加垫气量

从气藏废弃压力提高到下限压力时，需向储气库中注入的天然气量在标准参比条件下的体积。

2.20 补充垫气量

从建库时的地层压力提高到下限压力时，需向储气库中注入的天然气量在标准参比条件下的体积。

2.21 日注气能力

在地下/地面设施和技术经济条件约束下，储气库每天能够注入的天然气量。

2.22 日调峰能力

在地下/地面设施和技术经济条件约束下，储气库每天能够采出的天然气量。

2.23 注采井

具有注气和采气功能的井。

2.24 监测井

用于监测储气库注采动态、密封性、流体运移等不同功能的井。

2.25 封堵井

为确保储气库完整性而进行封堵作业的井。

2.26　盲井

完钻后下套管固井但不射孔，应用地球物理方法探测气水界面和地层含气饱和度等参数的井。

2.27　联络线

连接储气库集注站和分输站之间的管线。

2.28　天然气集配站

储气库为实现对所辖多口单井进行采气期集气和注气期配气功能而设置的站场。

2.29　储气库完整性

储气库地质体、井和地面设施处于功能完整、风险受控、安全可靠的服役状态。

2.30　储气库完整性管理

为保证储气库完整性而进行的一系列技术和管理活动。

2.31　注采周期

经历一个注气和采气的操作过程。

2.32　平衡转换期

储气库注气和采气过程转换的时间段。

2.33　库存量

储气库在某地层压力下储存的天然气量在标准参比条件下的体积。

2.34　有效库存量

储气库在现有注采井网条件下能够动用的天然气量在标准参比条件下的体积。

2.35　未动用库存量

储气库在现有注采井网条件下无法动用的天然气量在标准参比条件下的体积。

2.36　调峰气量

储气库从某地层压力运行到下限压力时能够采出的天然气量。

2.37　损耗气量

储气库在注气和采气过程中损耗的全部天然气量。

项目二　地层特征

1　项目简介(以东濮凹陷为例)

东濮凹陷是渤海湾含油气盆地的一个复向构造单元，地理位置跨鲁西南和豫东北，呈北东向展布，东以兰聊断裂与鲁西南隆起为界，西部过长垣断裂后，逐渐过渡到内黄隆起(以下第三系剥蚀线为准)，北跨马陵断裂进入临清坳陷的莘县凹陷，南以兰考凸起与中牟凹陷相隔，凹陷北窄南宽(16~60km)，南北长140km，面积5300km^2。东濮凹陷总体格局表现为"两洼一隆一斜坡一断阶"，凹陷内断层发育，以北北东、北东走向为主，已发现圈闭类型以背斜、断鼻、断块为主。

2　地质特点

(1)3条主要断裂的差异活动，控制了凹陷的基本构造格局。

东濮凹陷受兰聊断裂、黄河—文西—卫西断裂、长垣断裂的活动控制，形成了5大块体，分别为东部洼陷带、中央隆起带、西部洼陷带、西部斜坡带和东部断阶带。

(2)下第三系沉积具有东西分带、南北分区的特点，在凹陷北部发育4套盐膏层，是东濮凹陷下第三系的最大特色。

（3）构造发育，断层多，断块复杂，以构造背景控制的断块油气藏为主。多套含油层系、多种油气藏类型叠合连片，构成复式油气田。

3 主要断裂

东濮凹陷为下第三系断裂地，在其发展过程中，主要受北北东和北东走向断裂系统控制。按断裂的活动时间与切割关系可分为基底断裂与层断裂，其均属张性正断层，前者发育早，为下基底的断层，延伸长度可达100km以上，后者仅切割下第三系，大多为下第三系沉积过程中，在上覆沉积负荷作用下重力滑动而成的，它们的走向多与凹陷走向一致，同时也发育一组北西西走向断裂。在断陷内部，这些断裂组成了断裂构造带和亚带，成为油气富集带。在众多断裂中，最主要的断裂有20条，其中兰聊断裂、黄河断裂及长垣断裂（断开中奥陶统顶面），控制着凹陷的形成与发展，以及次级构造的展布。

3.1 兰聊断裂

（1）兰聊断裂是东濮凹陷的东部边界断裂，南起河南兰考，北至山东聊城以北，全长达270km，在凹陷范围的长度达140km，走向为北北东，倾向为北西，倾角在50°～60°，具有上陡下缓梨式断层特征，断距向深部加大，从上第三系至奥陶系顶面断距由100～200m加大到8350m，断层落差最大处在前梨园一带，往南北方向落差逐渐减小。

（2）早第三纪时期，兰聊断裂南延并成为东濮凹陷的边界，控制着东濮凹陷的形成。由于断裂活动的不均一性，断裂平面落差的变化在下降盘形成下第三系的沉降沉积中心，自北向南有濮城、前梨园、葛岗集、堌阳等，也是下第三系沙三段的供油中心，兰聊断裂由若干条断裂组成，从三叠纪末印支期开始发育，直至近代仍在不断活动。

3.2 黄河断裂

（1）广义的黄河断裂是指对中央构造带和凹陷形成的控制断裂。位于凹陷中部，向北北东—北东向延伸，断面倾向为北西西—北西，倾角在50°～60°，全长约130km。

（2）按其平面展布和活动期一般可分为3段。

①北段为卫西断裂，基岩落差700m左右，由于倾角较缓，基底抬升约1500m，形成于沙三段早期，结束于沙一段前，对沙三段沉积厚度有明显的控制作用。

②中段为文西断裂，基底落差达3000m以上，主要活动期为沙三段，东营组末期停止活动，对沙三段沉积有明显的控制作用。

③习城集以南即狭义的黄河断裂，基岩落差在2500～3000m。在桥口、新霍地区，断裂主要活动期为沙二上段至东营组。唐庄及其以南的马厂、脑里集地区，断裂的主要活动期为东营组和馆陶组，至明化镇组才结束活动。

（3）黄河断裂具有以下特点：在断裂形成和发育上具有北段形成早、活动结束早，南段形成晚、活动结束也晚的特征。断裂落差北段小，中南段大；南段在沙河街组和东营组普遍见到辉绿岩和玄武岩体，说明黄河断裂也有可能是切穿地壳的深断裂。

3.3 长垣断裂

（1）位于凹陷西侧，是东降西升的正断层，为西部斜坡与西部洼陷带的分界断裂。

（2）长垣断裂作为形成东濮裂谷盆地的边界，在平面上由南向北逐渐形成分支，包括石家集断裂、五星集断裂和马寨断裂在内呈一帚状结构。在庆祖集以北地区，由于断裂分叉撒开，使西斜坡北部成为断阶构造。

（3）各条断层基底落差都在千米以上，向北断裂落差变小，对沙三段沉积的控制作用减小。庆祖集以南，长垣断裂南段，基底落差达 3000～3500m，在沙四段形成之后活动性逐渐增强，对沙河街组和东营组沉积控制作用明显，在馆陶组早期停止活动。

（4）长垣断裂特点：

①南段形成较早，在沙四段即已形成，往北至胡状集—庆祖集地区在沙三段形成，北段在马寨地区形成于沙三段中后期。

②由于断裂在南段较为单一，在中段和北段分叉成 2～3 条派生断裂，使该区的构造断块比较复杂。

③长垣断裂上升盘的长 1 井有厚约 100m 的闪长玢岩，说明它是一条深断裂。

3.4 文东断裂

（1）发育于文留构造东侧，为东降西升的正断层，走向为北北东，南北延伸 28km，沙四段底界最大落差达 1200m 以上，一般为 600～800m，断裂倾角上陡（约 70°）下缓（10°～30°），沿二叠系层面与其倾向一致而逐渐消失。

（2）文东断裂最早形成于沙三 3 亚段，明显发育于沙三 2 亚段至沙一段，在东营组末期停止活动。

（3）断裂在剖面上部从沙三 4 盐膏层中滑脱，形成复杂的断阶或垒块，如文 10 块是文中油田的主力断块，在中下部合为一条，在下降盘发育有滚动背斜（如文东滚动背斜），或与西降东升的徐楼断裂配伍形成文南地堑断块区，并被次级断裂切割为垒堑相间的复杂断块区，是东濮凹陷油气最富集的地区之一。

3.5 马寨断裂

位于西斜坡北段，是斜坡的东界，断面上陡（60°）下缓（15°），最大落差 850m，断裂向下消失于沙四段盐膏层中。断裂形成于沙二段，生长指数 1.67，在沙一段、东营组继续发育，至东营组末期停止活动。马寨断裂是本区典型的重力滑脱断层，断裂下降盘下第三系较全，上升盘缺失沙二段以上沉积。断裂由 3 条支断裂组成，两边一条的垂直断距 600m，在断裂下降盘形成断阶及滚动背斜。

3.6 文西断裂

（1）发育在文留构造西翼，自北向南由 3 条雁行式排列组成，两侧有较好的构造圈闭，形成丰富的油气藏。这些断裂发育于沙三 3 亚段沉积前，下切到盆地基底，沙三 2 亚段时期活动最为强烈，生长指数高达 3.9～7.0，沙三 1—沙二下时活动也比较强烈，生长指数 1.9～2.9。

（2）文西断裂的两侧为柳屯—海通集生烃洼陷，在沙三 3—东营期活动阶段，油气沿断层上倾方向运移并形成富集的油气藏。该断裂在馆陶组沉积后已停止活动。沙三段、沙二段油气藏均为文西断层遮挡形成。

3.7 濮城断裂

（1）濮城断裂是由 4 条北北东向的西倾正断层组成的断裂，平面上为雁行式排列，其中濮 25 断层为主要断层。

（2）断面上陡下缓，倾角 60°，向下变缓为 20°。落差上小下大，奥陶系顶面约 1100m，沙二段至沙三段一般为 100～250m，至沙二上亚段小于 80m。主要活动期在沙三—沙二下，延伸长度大于 28km。

（3）断裂的下降盘为滚动背斜，上升盘为继承性发育的东倾半背斜。圈闭面积 54km²，沙三 1 亚段高点隆起幅度 200～350m，至沙一段幅度为 100～250m。

4　构造划分

（1）东濮凹陷的构造主要受断裂控制。三组主干断裂活动的差异造就了东濮凹陷。

（2）总体上表现出"两洼一隆一斜坡一断阶"的构造格局。据此，可将东濮凹陷划分为 5 个二级构造单元，即西部斜坡带（Ⅰ）、西部洼陷带（Ⅱ）、中央隆起带（Ⅲ）、东部洼陷带（Ⅳ）和东部断阶带（Ⅴ）。

①由于基底断裂及其下第三系构造演化具有南北差异性，在二级构造单元中可再划分出若干亚二级构造单元。各层次基本在海通集—黄河断层北段一线表现出较大的差异性，一般可以此线将各二级带一分为二。

②中央隆起带北部从古构造发育和今构造特征来看，存在两个发育展布形态特征不同的亚二级构造带，即文明寨—卫城构造带（Ⅲ1）和濮城—文留构造带（Ⅲ2），二者表现出雁行构造特征。

③中央隆起带南部，由于黄河、马厂和三春集断层对构造发育的控制作用，有明显的雁行特征，又可划分出 3 个构造亚带，即桥口—徐集构造带（Ⅲ3）、唐庄—马厂构造带（Ⅲ4）和三春集—爪营构造带（Ⅲ5）。这样，中央隆起带就由 5 个雁列展布的亚二级构造带组成。

④关于西部斜坡带，从盆地构造演化分析来看，宋庙—长垣断层的各断层形成时间较早，长期活动，控制下第三系沉积，断层下降盘沙三段沉积很厚，而且它们均呈弧形展布，向北撒开，向南收敛，各自控制了一个半地堑。因此，最西边向南合并的"切线断层"实际上是西部洼陷带的边界断层。也就是说，现今的马寨—庆祖集断阶带（Ⅰ1）在盆地拉张过程中是西部洼陷带的一部分，而不属于西部斜坡带。所以，严格地说，马寨—庆祖集断阶带（Ⅰ1）与高平集斜坡带（Ⅰ2）不属于同一个二级构造带，只是按现今构造和展布特征将它们划分为一个二级构造带。

⑤每一个二级或亚二级构造带均由若干三级（局部）构造组成。在东、西部两个洼陷带内也发育了一些局部构造。

（3）东濮凹陷共有 5 个二级构造单元，12 个亚二级构造单元。东濮凹陷二级、亚二级构造带主要受一级、二级大断裂的控制。由于断裂基本为北北东—北东向延伸，它们控制的二级构造带也呈北北东—北东向条带状展布。南北各带基本延伸至凹陷边界，长 120～140km；东西各带宽 5～13km，相互近于平行排列。

5　油气藏

东濮凹陷是一个油气非常富集的盆地，至 2002 年底已发现文东、文南、文西、文北、文中、濮城、马厂、卫城、胡状集、桥口、文明寨、古云集、庆祖集、马寨、三春集、刘庄、徐集、赵庄、前梨园和白庙共 20 个油田，探明含油面积 370km²，石油地质储量 5.18×10⁸t；已发现文东、文南、文西、文中、濮城、马厂、卫城、桥口、古云集、刘庄、白庙和南湖共 12 个气田，探明含气面积 113.4km²，天然气储量 515.50×10⁸m³。

5.1　油气藏形成条件

东濮凹陷是一个油气十分丰富的典型盐湖盆地，在构造上属于渤海湾盆地的一部分。

凹陷内断裂发育，活动时间长，构造圈闭类型多，不同砂体遍布全区，烃源岩成熟度高，排烃条件好，具备了油气藏良好的形成条件，特别是中央隆起带与多种砂体的组合，又位于生烃凹陷之中，形成以构造断块为主要类型的油气藏复式聚集带，加之盐层发育，形成了良好的盖层，在凹陷发现了十分富集的下第三系油气藏。

（1）良好的油气源层具有丰富的烃类物质基础。

①下第三系沙河街组烃源岩分布广、厚度大，尤其在北部的濮城—前梨园和柳屯—海通集洼陷最厚，一般在 $880 \sim 1160m$。

②有机质丰度高、母质类型好，以腐殖—腐泥型为主，达到了好—较好烃源岩标准。而且，烃源岩埋藏较深，有机质演化程度高。

③东濮凹陷主要烃源岩排烃条件优越，如沙三段—沙四段为砂泥岩互层，泥岩单层厚度一般小于 $15m$，利于烃类垂向运移，加之本区两洼一隆的构造格局和各类圈闭，油气聚集条件十分有利。

④石炭系—二叠系煤成气源丰富，凹陷内石炭系—二叠系地层分布广泛、稳定，总厚约 $800m$，其中煤层厚 $10 \sim 25m$，暗色泥岩厚 $180 \sim 200m$。煤系的埋藏较深，变质阶段在气煤以上，几乎全部进入了二次生气过程，在东濮凹陷的勘探工作中已证实有相当储量来自石炭系—二叠系的天然气源层。

（2）下第三系多种砂体的重叠分布成为全区良好的储集体。

①东濮凹陷古生界和下第三系组成两大储集组合。下第三系的储集层主要由多沉积体系多类型砂体组成。

②由于流入本凹陷的众多水系构成了多物源的特点，其砂体具有纵向上继承叠加、平面上叠置连片的结构。

（3）多套成油组合是形成各类油气藏的层控条件。

①东濮凹陷主要发育了 4 套组合：石炭系—二叠系及沙四段组合，沙三 4—沙三 2 组合，沙三 1—沙二上组合和沙一段自生自储组合，其中以下生中储上盖为主要组合形式，尤其在凹陷北部十分突出，其特点是生储盖层段分异明显，成套性强，该类组合的石油储量占总储量的 90%。其次为自生自储式的成油组合，主要分布于凹陷南部沙三段内及全凹陷的沙一下段中。

②古生新储成油组合，石炭系—二叠系为气源层，沙四段为其储层，沙三 4 亚段盐膏层为其盖层。

（4）中央隆起带是多期发育的油气最有利的富集带。

①东濮凹陷中央隆起带位于凹陷中部，南北长 100 余千米，东西宽十几千米，面积达1000 余平方千米，为继承性的大型多种圈闭类型的构造带，东西为有利的生烃凹陷，因而形成多含油层系，以及多油气藏类型的复式油气聚集带。

②不同层系的油层，在平面上叠合连片，在纵向上呈相互叠置的整带含油的现状。

③东濮凹陷已探明储量的 90% 分布于本带，是凹陷最富集的地带。

5.2 油气藏分布规律

（1）油气藏总体上呈环带分布。

（2）中央隆起带是油气富集的重要区域。

（3）盐膏盖层之下形成油气富集区。

（4）沙河街期古构造控制了油气富集。

6　东濮凹陷主要油气田构造特征

6.1　濮城油田

（1）濮城构造位于东濮凹陷中央隆起带北部，是一个被断层复杂化的长轴背斜。构造走向为北北东，探明含油面积60.1km²。

（2）构造高点位于濮36井—濮2-97井一线，构造西翼陡、东翼缓，构造北端背斜形态清楚，南端被一条北东走向的南掉正断层所切，由浅而深构造倾角及隆起幅度逐渐增大，是一个长期继承发育的构造。

（3）濮城构造断层发育，大断层的落差大于100m，内部次级断层落差一般为20～50m，断层的走向可分为3组，即构造东北部以北北东、北东向为主，构造中部以近南北向为主，构造南部以北东东向、近东西向为主。在三组断层中，落差大于100m的断层延伸远，对地层构造、油气水的分布有明显的控制作用。

（4）沙三段为断块油藏，各断块间油水界面不一，分布自成系统；沙二段油藏各块之间油水界面不统一，属构造油藏；沙一段为构造—岩性油藏。

6.2　文明寨油田

（1）文明寨构造是东濮凹陷中央隆起带北端的一个穹隆背斜，又被一组走向北东东而倾向相反的断层切割所形成的一个以地垒为主体的构造。高点在明1井附近，构造顶部和西、北翼地层倾角2°～3°，东、南翼深部地层较陡，倾角可达9°～10°。

（2）文明寨油田断层纵横交错，多而复杂。凡钻穿沙河街组的井都钻遇了几条断层，也就是说，大部分井都要穿过5～6个不同的断块。

（3）控制油田主体的3条大断层：

①卫7断层断面北倾，走向为北北东，落差100～200m。

②明14断层断面南倾，走向为北北东，落差200～400m。

③明5断层断面东南倾，走向为北东，落差500～800m。

3条大断层夹持了一个北东东向的主垒块。次一级断层落差大部分在50～130m，这组断层与大断层近于垂直相交或斜交，将主垒块又切割成4个垒堑相间的断块区，即明16、明1西、明1东和明6断块区。在卫7断层下降盘即构造北翼还有一个含油断块，称为卫7断块区。另外，明14断层以西的深部发育一组北倾的断层，落差在100～300m。这组断层与明14断层一起构成了沙三段中下部和沙四段的深部含油断块区，称为明14断块区。文明寨油田为一复杂的断块油田。

6.3　卫城油气田

（1）卫城油气田位于东濮凹陷中央构造带北段，濮城洼陷西侧，是由北东向的断裂复杂化的背斜构造，长13km，宽2～4km，面积41.9km²，构造东陡（15°～30°）西缓（10°～15°），浅层平缓，深层较陡，走向为北东30°左右。

（2）构造被北东向的卫东、卫西两条相反的断层切割，形成卫东断裂带内的断块、卫西断裂带内断块和两断层间的垒块三个部分，其内部又被次一级断层切割。

6.4　文东油气田

（1）文东油气田在文留构造东部，南北长20km，东西宽2～4km，面积54.8km²。

（2）文东油气田在文东断层下降盘中段和南段，西段以西掉东升的徐楼断层为界，北段西界为文东断层，自北向南有文 16 鼻状构造、文 13 滚动背斜和文 88 半背斜构造（沙三 3 亚段）。文 13 滚动背斜埋藏较浅，约 3100m，闭合高度约 200m；文 16 鼻状构造埋深在 3220m 左右，闭合高度约 100m；南部到文 88 半背斜构造埋深 3350m 左右，闭合面积约 20km²。

（3）沙二下亚段油藏在文 13 滚动背斜东翼的文 88 背斜上。圈闭条件为半背斜与反向断层相结合形成。沙三 1 亚段油藏分布在文 13 滚动背斜及文 16 鼻状构造上。

（4）根据断层发育情况，按沙三 3 亚段主力层系将文东油气田划分为 4 个断块区，自北向南是文 16、文 13、文 88 和文 200 断块区。

6.5　文南油气田

（1）文南油气田位于濮阳县梁庄乡和徐镇境内，处于文留构造南部，东以徐楼断层与文东油气田相接，西以文西断裂为界与海通集相连，面积 58km²。

（2）文南油气田属文东断裂以东的滚动背斜构造，构造呈北北东向，东、西翼倾角 10°~15°，向南倾角 5°~6°，本区发育 3 条大断层，由西至东分别为文西断裂、文东断裂和徐楼断裂，走向基本与构造平行，将本区分割成东西分带、垒堑相间的格局。在文东、徐楼断裂间的地堑区内，由于 5 条次级断层的作用分为文 33 断块区、文 72 断块区和西南的文 138 断块区。

6.6　文中油气田

（1）文中油气田位于濮阳县境内，属文留构造中部。

（2）文中油气田的 3 个断块中文 10 和文 15 断块在文东断裂上升盘，文 25 块在文 10 块与文 15 块间，构造位置在文东断裂下降盘。

（3）文 10 块为四面被断层所限的四方形地垒构造，长、宽各约 1.5km，面积约 3km²，地层倾向南东，倾角 7°~10°，断块内又有数条小断层，其中文 10-4 断层将文 10 断块分成东、西两块，西块较高，面积较大，含油极为富集。

（4）文 15 断块位于文中油气田南部，为文东、文中两条断层间的地垒，东、西长 31km，宽 1.5km，面积约 4km²，地层倾向东南，倾角 10°~20°。

（5）文 25 断块在文 10 与文 15 断块间略偏东的文东断裂下降，长 4.7km，宽 0.5~1.5km，面积 5.6km²，又被次级的西倾断层切割为几条北东向条带状断块，地层倾向南东，倾角 22°~26°。

6.7　文 23 气田

（1）文 23 气田地处河南省濮阳县文留镇黄河滞洪区内。

（2）文 23 气田在文留构造顶部的文 23 断块区，为断裂背斜圈闭，面积 13.2km²。文留构造走向为北东，文 23 断块东西北为断层所限形成的南倾地垒构造，断层以北地层北倾，文 23 断块区两翼地层东缓（4°~7°）。在断块区发现若干条落差 50~150m 的断层，较大的 3 条断层（文 68、文 108、文 104 断层）沿走向把文 23 断块区切割成 4 个断块区。在这些断块又发现次一级的小断层，由于落差小，只是对断块起到复杂化的作用。该气藏被认为是具有层状性质的断块块状气藏。

6.8　桥口油气田

（1）桥口构造位于中央隆起带南部偏北，地处黄河南地区，北与文南河岸地区隔河相望，南与新霍构造相连，西以黄河断层为界，东邻葛岗集洼陷，东、西宽 7.5km，南、北长 11km，构造面积 80km²，探明含油面积 17.6km²。

（2）桥口构造是一个被一组黄河断裂为主的一系列西掉断层复杂化的背斜构造，又被次一级断层切割成大小不同的断块。构造高点位于桥 27 井附近。沙二下亚段顶面构造高点埋深 2500m，闭合高度 800m，地层以东倾为主，倾角 5° 左右，构造西界的黄河断裂倾向为北西西，倾角 40° 左右，走向为北北东，延伸长度 12km。构造对油气聚集起着主要控制作用，断块控制油气富集程度。

6.9 马厂油气田

（1）马厂油气田位于东濮凹陷中央隆起带南部中段，北与唐庄构造相连，东邻葛岗集洼陷，西侧是西掉的黄河大断裂，是一个向东南倾的半背斜，南、北长 16km，东、西宽 3～4km，探明含油面积 12.1km²。

（2）马厂断层是重要的基底断层，走向为北东，倾向为北北西，断距 300～600m，伴有一系列走向与之平行的次一级西倾断层，被之后形成的东倾断层切割，使构造主体部位被北东东的 4 条断层切割成几个断块，是油气分布的基本单元。

6.10 马寨油田

（1）马寨油田位于东濮凹陷西部斜坡北部，其南为胡状集油田，北为文明寨油田，东邻卫城油田。

（2）总的构造格局为在东南倾斜的背景上，发育 3 个大的鼻状构造，并被一系列北北东向东倾断层所切割，形成了一系列的断块、断鼻圈闭。卫 95 断块为岳村鼻状构造顶部的一个垒块构造。

6.11 胡状集油田

（1）胡状集油田位于东濮凹陷西斜坡的中段，北与马寨相连，南与庆祖集断阶带相接，东邻柳屯—海通集洼陷，构造走向呈北北东，构造形态为一大型鼻状隆起被一系列东掉断层切割成 4～5 个断阶，每个断阶内油气富集于断鼻高点，南、北长 10km，东、西宽 2～4km。

（2）沙三 2 亚段底部构造图，按 2500m 构造等深线圈闭面积约为 30km²。构造高点位于胡 7－6 井—胡 7—胡 9 井一线附近，闭合高度在 500～100m，探明含油面积 28.4km²。地层倾向东北，倾角 4°～6°，构造与断层对油气富集起着控制作用，石家集断层是一条控油断层。

6.12 庆祖集油田

（1）庆祖集油田位于东濮凹陷西斜坡带上，北接胡状集油田胡 12 块，东邻海通集洼陷，西为石家集断层和五星集断层，南与高平集斜坡带连接，被多条东掉断层切割成断阶的鼻状构造。

（2）庆祖集油田断层发育，构造复杂，以东掉断层为主，主要断层有长垣断层和石家集断层。长垣断层为与海通集洼陷的分界，落差达 1600m 以上，倾角 45° 左右。石家集断层位于长垣断层以西，落差 500m 以上，倾角 45° 左右。构造高点在庆 15 井东。油藏受一系列东掉北东向的小断层控制，落差 50m 左右，这些断层把庆祖集鼻状构造切割成几个小断块，各块油、气、水关系不同，富集程度各异。探明含油面积 9.1km²。石家集断层为一条控油断层。

项目三　储气库压力设计

1　项目简介

考虑到储气库的安全性、长久性以及经济效益，以不破坏储气库封闭性为主要设计原则，同时兼顾储气库的目标工作气量、气井产能，以及注气压缩机性能参数的影响而设计的压力权限。

2　气库运行压力设计

2.1　运行压力上限

2.1.1　气库上限压力确定的原则

(1)不破坏储气库的封闭性。

(2)兼顾气库的目标工作气量与气井产能，以及对注气压缩机性能参数的影响。

2.1.2　上限压力设定

(1)上限压力不宜超过原始地层压力。

根据国外经验，一般选取气藏的原始地层压力作为气库的上限压力。当气库正常运行几个周期后，可考虑提高上限压力进行扩容。

(2)地层破裂压力较低，上限压力过高，易导致地层破裂，危害储气库安全运行。

通过气田井压裂资料分析，其破裂压力仅为气藏原始地层压力的 1.04~1.17 倍。如进一步提高上限压力，地层极易发生破裂而导致出砂等，危害储气库的正常运行，因此不能进一步提高上限压力。

2.2　运行压力下限

2.2.1　气库压力下限确定的原则

(1)保证气库运行具有较高的工作气规模，以提高气库运行效率。

(2)保证气库采气末期最低调峰能力及维持单井生产能力。

(3)考虑井口外输压力与注气压缩机等级以及注采气设备的匹配性。

2.2.2　下限压力设定

就储气库而言，下限压力主要是能满足调峰稳定供气能力时的最低气层压力。主要从以下几个方面来综合确定。

(1)气库有效工作气量(即上、下限压力内的库容)必须满足总的调峰量要求。

(2)气库到达下限压力时，气井有较高的产量，能满足调峰需求。

(3)下限压力避开地层结盐、出砂压力区间。

(4)气库采气末期输出井口压力高于管道最低外输压力。

项目四　储气库方案设计

1　项目简介

储气库方案设计从库容能力出发，尽可能满足配套工程的调峰和应急需要；尽可能获得比较高的库容利用率和经济效益。为确保储气库的运行安全，对井况差的老井停用封井；储气库容量大，调峰能力强，为避免造成设备及资源的闲置，分期建设，提高调峰能力和工作气量。

2 设计方案

2.1 井网部署

（1）储气库设计从气库本身能力出发，尽可能提供最大的库容量，尽可能提高调峰、应急能力，满足多种调峰和应急需要，整体部署，分批实施。

（2）考虑到储层物性特征、平面上的变化情况，井网分布在平面上采取不均匀布井方式，最大限度控制库容。

（3）以提供最大产能为原则，利用多种井型提高单井注采能力，提高气库调峰能力。

（4）尽可能选用符合安全条件、检测合格能够利用的老井，留作监测井、采气井；注气井尽可能用新井。

（5）考虑到储气库高低压往复多周期的注采易激活断层，注采井尽量远离断层；离边水一定距离，尽量减少边水对气库的影响。

（6）降低投资成本，采用丛式井布井方式，尽量利用原有集气站和井场设计井台。尽量部署井身结构简单的井，降低钻井及后期注采工程作业等施工难度。

2.2 老井利用

储气库注采井原则上一般是新钻井，而老井在综合评价油层套管固井质量、井筒工况和井身结构的基础上，将所有可能会发生气库层窜漏的老井进行封堵，筛选井况良好的老井继续利用，同时部分老井封堵后作为采油井和注水井继续使用，达到资源利用最大化的目的。

2.3 监测井

气田改建储气库后，由于需要长时间、多周期、高低压往复进行注采，因而需要强化气库封闭性、压力分布、气水关系等监测。根据主块地质条件，设计有盖层封闭性监测井、断层封闭性监测井、气水界面监测井、地层压力监测井。

（1）盖层封闭性监测井。主要对储气层上部盐层的封闭性进行监测，观察随注气量增加，上覆盐层是否能够保持封闭性。

（2）断层封闭性监测井。主要是对边块气井进行压力监测，观察地层压力是否随注气量增加而增高，从而判断断层的封闭性，在3条分块断层两侧选取位置接近的气井进行监测。主块内部对比井采用新井，监测井采取每月监测气井流、静压的方式进行对比。

（3）气水界面监测井。监测气库内气水界面的变化，利用井况良好、分布在低部位气水界面附近和低部位堑块内的井。监测井不作生产使用，在每个注气期和采气期中间监测一次剩余气饱和度，以分析边底水的变化情况。

（4）地层压力监测井。观察监测气库内部压力和储层渗透性能的变化，全部采用新井，如高部位井附近新井、中部位井附近新井、低部位井附近新井，对新井下入永置式压力计，观察压力变化情况，以控制气库整体压力均匀升降。

2.4 井身结构（以卫11储气库为例）

通过对国内外储气库井身结构进行调研，以及对卫11块已完钻井施工情况进行统计分析，对卫11储气库工程井身结构进行优化设计，形成了以下有针对性的井身结构设计方案。

（1）一开：采用 Φ444.5mm 钻头钻至井深 300m，下入 Φ339.7mm 表层套管封隔平原组及以上松散、易垮塌地层，缩短二开裸眼段长度，保证二开井眼安全、快速钻进。

（2）二开：采用 Φ311.2mm 钻头钻至卫城盐以下 30m，下入 Φ244.5mm 普通套管和 Φ250.8mm 外加厚套管封隔卫城盐及以上易漏地层，为三开亏空目的层的安全钻进和储层保护创造条件。

技术套管封隔目的层以上地层，包括卫城盐，利于三开低密度钻井液打开储层。为了提高盐层段的套管强度和保证套管的安全下入，在盐层段下入钢级 P110TT、壁厚 15.88mm 外加厚套管。

（3）三开：采用 Φ215.9mm 钻头钻至完钻井深，下入 Φ139.7mm 套管。采用尾管悬挂 + 回接的固井工艺，悬挂点位置为卫城盐顶以上 100m，且与上层套管的重叠段长度不小于 300m。

2.5 丛式井场

2.5.1 丛式井场功能

丛式井场主要功能分为采气和注气。注气时接收注采站来气，经计量后由注采井注入储气库地下储层；采气时注采井采气，在井场内经流量调节、计量后输往注采站。

丛式井场工艺流程示意图，如图 2 - 1 - 1 所示。

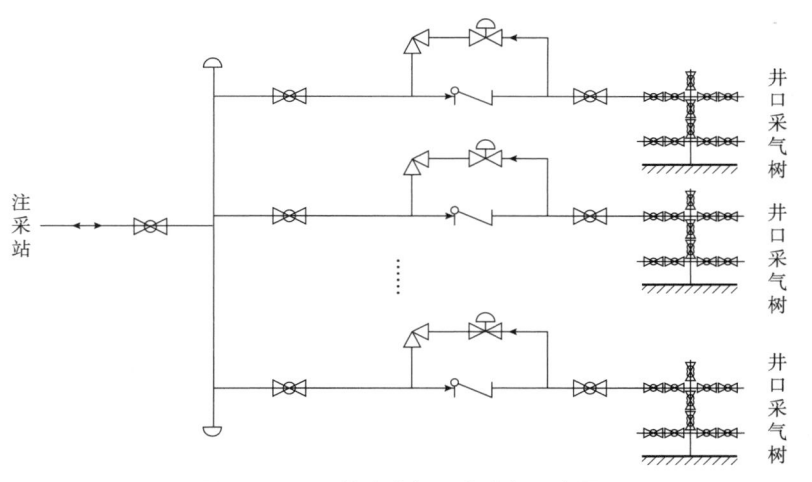

图 2 - 1 - 1 丛式井场工艺流程示意图

2.5.2 丛式井场功能布置

丛式井场按功能分区布置，分为井口装置区、工艺装置区及辅助生产区。

井口装置区设采气树及井口控制柜；工艺装置区设注采气阀组和清管设施；辅助生产区设控制小屋及箱式变压器。

2.5.3 丛式井场工艺流程

丛式井场具备注气流程、采气流程、事故流程、放空流程、清管流程、注醇流程六大流程疏导功能。

（1）注气流程。注采站来气→干线 ESDV 紧急关断阀→注气阀组管汇→旋塞阀→超声波流量计→井口切断阀→采气。

（2）采气流程。采气树来气→井口切断阀→超声波流量计→电动角式节流阀→电动调流阀→采气阀组管汇→干线 ESDV 紧急关断阀→注采站。

（3）事故流程。井场出现事故时，关闭阀门井口 ESDV 阀和干线 ESDV 阀。

（4）放空流程。井场内流量计标定或检修拆卸时，计量管段放空就地排放。

（5）清管流程。采气阶段注采干线的清管阀发送清管器至注采站，注采站回收清管器。

（6）注醇流程。注醇系统采用移动式甲醇加注撬，通过注醇口注入。

模块二　老井利用与封井工程

根据气井井况调查统计结果，因无须考虑底水层和中生界气层的影响，综合考虑井身结构、固井质量、井筒状况与完钻时间四个方面的情况，对气井井况及其可利用性开展评价，提出利用与废弃封井依据。

项目一　老井利用评价

1　项目简介

根据储气库长期运行的特点，以最大限度盘活现有老井资源的总体原则为指导，通过井况检测，确定可利用井。

2　评价原则

在充分论证老井井筒完整性，储气层顶、底密封性的基础上，确定可利用井的评价原则。

(1)井身结构满足储气库注采工程要求。

井身结构特殊，不再利用。主要指其现有条件不满足储气库利用标准的井。

(2)井筒条件达到注采工程的要求。

井况条件差，不再利用。根据注采工程要求，老井利用需要下封隔器管柱，井筒内有套损、落物等井况问题，不可利用。

(3)套管环空外密封可靠。

按照《地下储气库设计规范》(SY/T 6848—2023)，储气库盖层段固井质量连续优质段长度不小于25m，且以上固井良好及优质段长度占比不小于70%。在储气库注采运行过程的周期性交变应力作用下，固井质量差的气井存在管外窜通的可能。

依据以上原则评价合格的井，初步确定作为拟利用井。下步开展针对性的检测作业，最终评价结果为不能继续利用的井，应按照标准进行封堵弃置。

3　评价方法

(1)井筒验套试压压力以储气库运行中最高井筒压力为依据，试压不合格的调整为废弃封堵井。

(2)在试压合格的前提下，进行井径、套管腐蚀检测，根据检测结果，计算套管承压强度。

根据套管生产年限、套管抗内压强度、套管内径、腐蚀速率等数据，应用公式便可计算出套管当前的抗内压强度。计算公式如下：

$$\sigma = \frac{pD}{2\delta} \tag{2-2-1}$$

式中　σ——周向应力，MPa；

　　　p——套管抗内压强度，MPa；

　　　D——中径(内径+壁厚)，mm；

　　　δ——套管壁厚，mm。

在保证 σ 安全不变的情况下，可以得出公式：

$$\frac{p_初 D_初}{2\delta_初} = \frac{pD}{2\delta} \qquad (2-2-2)$$

则

$$p = \frac{p_初 D_初}{\delta_初} \frac{\delta}{D} \qquad (2-2-3)$$

p——当前套管抗内压强度，MPa。

由于腐蚀，套管壁厚度不均匀，实际值比计算值小 12.5%，故式（2-2-3）变为：

$$p = 0.875 \frac{p_初 D_初}{\delta_初} \frac{\delta}{D} \qquad (2-2-4)$$

若计算出的套管承压强度低于气库运行最高井筒压力的 1.25 倍，则调整为废弃封堵井。

（3）在套管承压强度满足要求的前提下，进行固井质量测试。

若固井质量合格，则作为储气库利用井，按注采工程设计要求完井。

若固井质量不合格，则调整为废弃封堵井。

项目二　老井利用检测

1　项目简介

根据储气库工程的特殊性和储气库运行的安全性要求，设计编制系统的检测方案，对拟利用井开展进一步的套管状况检测，以确认其可利用性。

2　检测内容（以卫 11 储气库为例）

（1）起出原井管柱，打捞落物至满足井况检测条件。

（2）复测井眼轨迹。对拟利用井实施井眼轨迹复测，为储气库钻井设计与井眼防碰提供依据。

（3）开展井况检测。根据井况检测评价需要，分别对拟利用井实施试压验套、井径检测、套管腐蚀检测，并对拟利用井实施固井质量复测。

（4）评价套管状况。根据井况检测结果，对油层套管固井质量、渗漏、腐蚀及变形状况进行分析评价，进一步确认拟利用井的油层套管管外密封性，判定气井的可利用性，为编制利用井投产设计提供依据。

（5）处理砂面和落物。经检测评价确定为利用井的，按《地质与气藏工程方案》中利用井投产地质要求处理砂面和落物。

（6）更换气密封套管头。

（7）按《注采气工程方案》中利用井投产工程设计要求完井。

3　检测工艺技术

（1）井眼轨迹复测。根据现场经验，推荐采用常规的陀螺测斜仪检测。

（2）试压验套。考虑试压压力要求高、气体的可压缩性、老井油层套管水泥返高较深、套管头腐蚀承压能力降低等因素，氮气试压井控安全风险较大，推荐采用常规封隔器卡封水试压验套工艺。

（3）井径检测。推荐采用常规的多臂井径测井技术。

（4）套管腐蚀检测。推荐采用常规的电磁探伤测井技术。

（5）固井质量复测。考虑储气库注采运行周期交变应力的特点，为准确评价老井固井质量，经过对多种固井质量复测技术开展比对分析，推荐采用套后成像测井新技术。

4 技术要求

4.1 检测工艺技术要求

（1）陀螺测斜仪井眼轨迹复测。为给新井钻井防碰设计提供准确数据，要求从人工井底或砂面位置检测至井口。

（2）分段卡封水试压验套。为了既达到试压要求，又避免液体自重造成的卡封点压力过大而破坏套管，采取封隔器分段卡封水试压验套工艺。

（3）多臂井径检测。要求从目前射孔段顶界检测至井口。

（4）电磁探伤腐蚀检测。要求从目前射孔段顶界检测至井口。

（5）套后成像固井质量复测。要求从井底检测至油层顶界以上100m。

4.2 井筒处理技术要求

为满足储气库利用井投产要求，做好储层保护，在施工作业过程中，井筒处理应达到以下技术要求。

（1）注重防漏和储层保护。作业压井推荐采用低密度泡沫压井液。

低密度泡沫压井液漏失性较小，有良好的流变性，密度可以在 $0.65 \sim 0.95 g/cm^3$ 之间调整，抗温 $120 \sim 140℃$，有一定的抗盐抗钙侵蚀能力，适应气田高温、低压、井底盐垢较多的特点，具有较好的油气层保护能力。

（2）对影响测试施工的落物须进行处理。其中，因地层压力低，井筒难以建立正常液体循环，砂面的处理推荐采用旋转抽砂泵抽砂技术。

旋转抽砂泵在泵体与活塞杆间采用六方键槽和键凸连接，保证活塞杆既能上下运动，又能在管柱的旋转下带动泵筒旋转，从而带动砂铲或者钻头旋转，实现了施工过程中既能钻磨砂面又能抽砂捞砂。该工艺能满足亏空地层钻磨砂面（不进液钻松砂面）的需要，减少钻冲砂对油气层造成的污染。

（3）按利用井投产方案要求，经检测确定为利用井的，若井筒砂面位置高于气库层底界20m以上，应处理砂面至人工井底。

（4）更换气密封套管头。

在更换套管头施工前，先下封堵工具对套管实施封堵，预防井喷事故发生。

项目三 废弃井封堵技术

1 项目简介

废弃井的封井，关系到储气库的长期安全运行。废弃封堵井废弃的原因和井况各异，必须在开展综合分析的基础上，采取有针对性的封井措施和工艺，设计制定相应的封井方案。

2 设计思路

以有效封隔储气库目的层，保证气库目的层与其上部和下部油气层管外不窜气，井筒不漏气为基本要求，根据气井特点，分别采取有针对性的封堵工艺和措施，对封堵井实施废弃封井。

3　封堵设计(以卫11储气库为例)

3.1　封井基本思路

(1)浅层套漏的井首先处理漏失,再进行下部层位的挤堵。

(2)由于气层、油层之间的物性差异较大,气库目的层段范围内不分层,油层长井段者需要分层挤堵。

3.2　处理井筒

(1)对于井筒内有井况问题及砂面、塞面的井,需要处理井筒,主要是采用钻塞、修套、打捞、套磨铣及其他修井技术,原则上处理井筒至露出封堵层位底界,建立目的层挤堵通道。

(2)对于卡管柱的井,综合应用震击解卡、活动解卡、倒扣打捞等技术,对井下落物进行处理,恢复套管通径。

(3)对于复杂落物、灰塞等,采用高效套铣、磨铣工具,提高磨铣效率。

(4)对于套变大于105mm,影响正常完井投产的井,集成应用系列整形工艺,对套变点进行整形修复。

(5)对于长停井或已经封堵的废弃井,收集封堵施工资料,评估地层封堵情况,确定下步处置措施。只在井筒打塞、未对气层封堵的井,按照标准,应该钻塞后重新对气层及其他层位进行封堵,再注连续灰塞及套管保护液,对固井质量不好的井,还需要锻铣、射孔后挤堵,保证井筒内外气体不窜出。

4　挤堵工艺

注灰封堵施工是整个封井工程的关键环节,一般分为顶替法和挤注法两种。其中,顶替法注灰简便易行,但要求注灰及候凝过程中,井筒必须能够保持静态平衡状态。对于高压或漏失严重,以及难以保持井筒静态平衡的封堵井,行业规范推荐采取水泥承留器等井下工具或注入堵漏材料的方式挤注水泥。

5　封堵方案

针对修井后井筒条件可以满足挤堵条件的井,按照各井不同的井况及固井情况、窜漏通道分析,制定具体封堵措施。

5.1　合层挤堵

对于射孔层长度较短或射孔层段物性较一致的老井,原则上采取合层挤堵,但4in套内承留器坐封成功率较低,增加了处理井筒的难度,甚至造成井况二次恶化。

5.2　分层挤堵

对于气层、油层,原则上采用分层挤堵;对于射孔段物性差异较大的层位,需要分层挤堵;对于浅层套漏及上部油层射孔,需要与气层分层挤堵。

5.3　永久废弃封堵井

对于已经永久废弃封堵井,评价资料中射孔气段的封堵情况,特别是堵剂进入数量及半径,看是否满足储气库老井封堵要求。钻塞,对上部井筒注连续灰塞、套管保护液,监测井口压力。

6　技术要求

为了提高废弃封堵效果,在封井作业施工中的井筒处理、挤堵工艺、注灰完井等重要环节中，应满足如下具体技术要求。

6.1 井筒处理技术要求

（1）注重防漏和储层保护，因地层漏失严重，为避免压井液大量漏失而污染地层，压井施工采用灌注法。

（2）对影响封堵井气库层封堵的落物和套管变形段进行处理。

（3）在挤堵施工前对井筒实施通井、刮削，确保井壁清洁。

（4）挤堵前应下封隔器管柱，在设计完井塞面以下100m处进行卡封验套。对于套管漏失的井，应进行找漏，确定漏点。

（5）对已发现套管头漏失的井，应完善套管头。

（6）对所有气井复测井眼轨迹，为储气库钻井设计与防碰提供依据。

6.2 封堵工艺技术要求

（1）挤堵施工符合《废弃井及长停井处置指南》（SY/T 6646—2017）规定。

（2）分层挤堵、固井差的气井挤堵采用水泥承留器保压挤堵工艺，其他气井在挤堵前实施屏蔽暂堵挤堵工艺。

（3）对合层挤堵井，若验套发现存在套漏且套漏点在设计塞面以上的，为保证射孔层段封堵效果，应采取水泥承留器挤堵，水泥承留器下深应在套漏点以下。

6.3 完井技术要求

（1）井筒注灰后候凝48h，探灰面，灰面水试压15MPa，30min压降≤0.5MPa。

（2）完成封堵施工后，替入防腐重泥浆液至返出套管，管柱起出后灌满井筒。

（3）安装井口无线取压装置、井口帽和放气观察孔，做好标记并设立防护栅。

7 典型井例

×××井合层挤堵方案。

7.1 基本情况

完井日期：2007年10月23日；人工井底：2900.5m；射孔井段：ES_3^{1-2}（沙三上1－2），2660.5～2752.5m，30.9m/13n；ES_4^2（沙四上2），2853.3～2892.5m，17.9m/9n。

7.2 井筒状况

目前井内为$\Phi73mm$生产管柱＋丢手。

7.3 封井工艺分析

（1）该井生产层位为沙四段，轻微出砂，不影响气库层封堵效果，无须处理。

（2）将水泥承留器挤堵管柱下至挤堵层上部，分别对ES_3^{1-2}和ES_4^2实施分层挤堵、保压候凝。

7.4 主要施工步骤

（1）起原井管柱＋丢手。

（2）通井至人工井底。

（3）刮削至人工井底。

（4）复测井眼轨迹。

（5）对2650m以上套管验套、找漏。

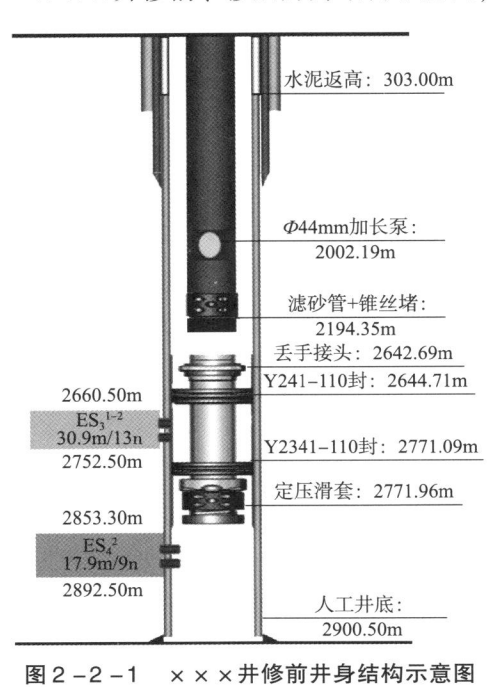

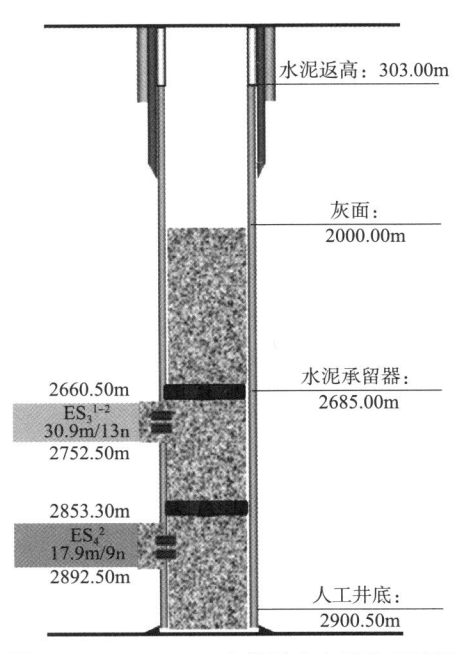

（6）对 ES_3^{1-2} 和 ES_4^2 井段分别测吸水，下承留器挤堵。

（7）井筒注灰至 2000m，候凝后探灰面，灰面试水压 15MPa。

（8）井筒注套管保护液完井。

×××井修前、修后井身结构示意图，如图 2-2-1、图 2-2-2 所示。

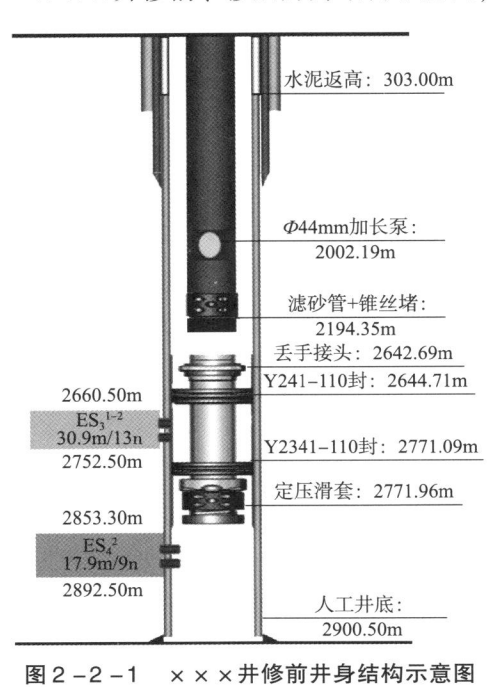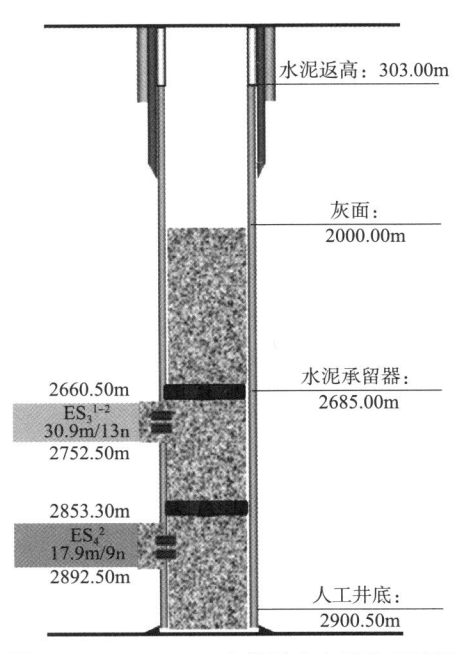

图 2-2-1　×××井修前井身结构示意图　　　图 2-2-2　×××井修后井身结构示意图

项目四　复杂井况井封堵技术

1　项目简介

根据资料评价，部分井可能难以修复，在其他井的实际修井过程中可能因出现其他的井况问题，造成井筒不具备挤堵条件，为此设计封堵方案。

2　处置原则

对于这些井况复杂、现有技术无法修复、可能不具备有效挤堵通道的老井，重点封隔储气目的层与其上、下部油气层之间的窜漏通道，以及已经具备井筒条件的非目的层，确保储气库的封闭性。同时，在储气库运行过程中进行监控。

3　处置技术

3.1　管外固井质量好的复杂井

（1）修井、处理井筒。

（2）对于上部井筒遇阻以上位置测吸水量，根据吸水量高低确定下步打塞或挤堵（灰塞、固井质量优、稳定盖层三者的重合井段长度大于 50m）。

（3）对上部非目的层进行挤堵。

（4）注连续水泥塞。

（5）注套管保护液。

3.2 管外水泥胶结差的复杂井

（1）修井、处理井筒。

（2）对于气层以上井筒遇阻以上位置测吸水量，根据吸水量高低确定下步打塞或挤堵。

（3）在气层以上选择合适的井段进行锻铣，射工程孔。

（4）对其他非目的层进行挤堵。

（5）注连续水泥塞。

（6）注套管保护液。

4 技术要求

对于存在浅层套漏的井，不论封堵井还是利用井，均须先处理套漏段，对套漏段取换套或进行挤堵，试压合格后再进行下部井段挤堵。

5 典型井例

×××井小套管落物封堵方案。

5.1 基本情况

完井日期：2006 年 1 月 1 日；人工井底：2772m；射孔井段：ES_3^1（沙三上 1），2334.0 ~ 2393.0m，18.2m/6n；ES_3^{1-2}（沙三上 1 - 2），2584.0 ~ 2673.0m，28.9m/9n；ES_3^{3-4}（沙三上 3 - 4），2696.0 ~ 2762.1m，12.2m/10n。

5.2 井筒状况

目前，井内为 $2\frac{3}{8}$in 生产管柱，砂埋气层 + 落物。井底有落鱼（测试仪器），鱼顶在射孔段内。

5.3 封井工艺

（1）起管柱。

（2）钻冲砂。

（3）套磨结合，尽量打捞落物。

（4）通井至砂面。

（5）刮削至悬挂器位置。

（6）复测井眼轨迹。

（7）对 4in 套井悬挂器以上套管验套、找漏。

（8）在悬挂器以上位置下水泥承留器挤堵，承留器上部注灰至 1100m。

（9）对射孔井段测吸水。

（10）承留器坐封悬挂器以上，对下部井段挤堵。

5.4 风险分析

（1）该井为 4in 套井，打捞难度大，井下落物有可能打捞不出。

（2）该井 4in 套井筒内，无法进行承留器分层挤堵。

（3）悬挂器位置较高，承留器坐封在悬挂器以上，封堵质量难以保证，但井段 2722.7 ~ 2732.2m，固井解释质量好。

×××井修前、修后井身结构示意图，如图 2 - 2 - 3、图 2 - 2 - 4 所示。

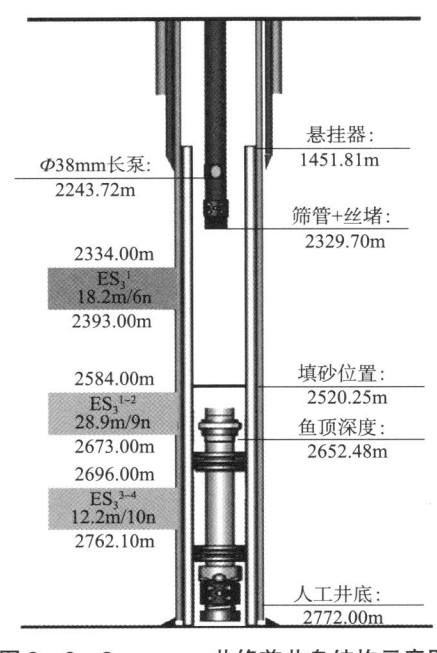

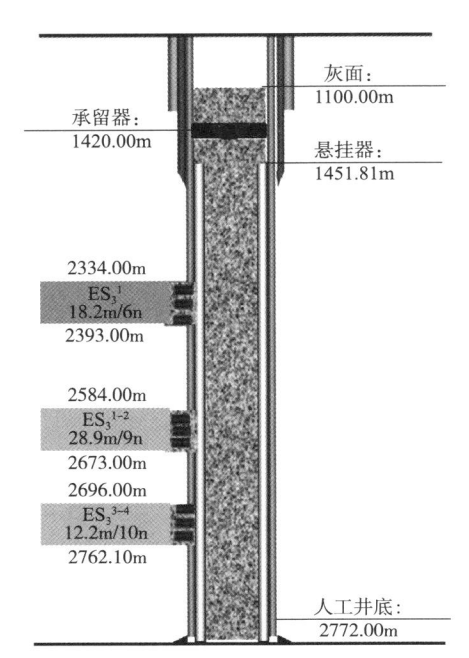

图2-2-3　×××井修前井身结构示意图

图2-2-4　×××井修后井身结构示意图

单元三　储气库井控设备

井控设备是指实施油气井压力控制及工况实时监测所需的一整套井口装置、井口控制装置、井口监测装置、专用工具及管汇等设备。

模块一　井口装置

井口装置主要有采气树、油管头和套管头三大部分。井口装置的作用是悬挂井下油管柱、套管柱、密封油套管和两层套管之间的环形空间以控制气井生产，以及进行回注（注蒸汽、注水、酸化、压裂、注化学药剂等）和安全生产的关键设备。如图 3 - 1 - 1 所示。

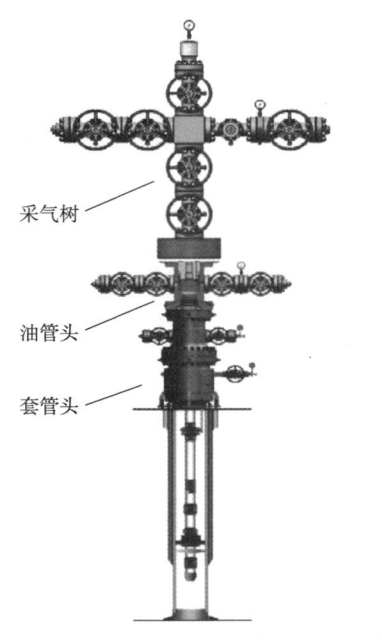

图 3 - 1 - 1　储气库注采井口装置结构示意图

项目一　采气树

1　项目简介

油管头以上部分称为采气树，储气库采气树主要由闸板阀、小四通组成。其作用是开关气井、循环压井、下井下压力计测量气层压力和井口压力等。

2　采气树选择

目前,国内外常用的采气树结构有十字形、Y形、整体式(图3-1-2)。其中十字形采气树应用最广泛,Y形采气树冲蚀小,整体式采气树密封性最好,后两种适合高压高产井。根据储气库注采井的特点和注采气量,从技术适应性、安装维护方便、安全可靠、成本费用低等方面综合考虑,选择采用十字形井口。

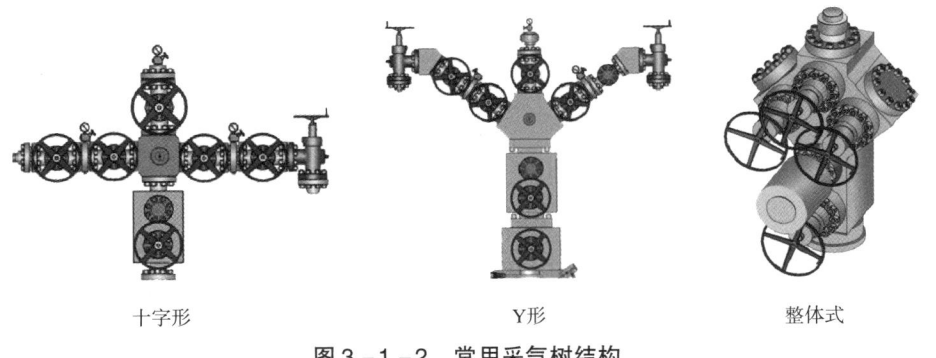

十字形　　　　　　　　　　Y形　　　　　　　　　整体式

图3-1-2　常用采气树结构

十字形采气树有双翼双阀和双翼单阀两种。

双翼双阀:便于不停产更换闸阀,但成本较高,目前国内外大多数气田采用此种结构。

双翼单阀:成本低,只能带压更换闸阀,生产维护难度较大。

根据储气库注采井的压力、温度特点,考虑到储气库设计寿命长,生产运行中便于维修管理,注气井、采气井和备用井设计采用十字形双翼双阀采气树,观察井设计采用十字形双翼单阀采气树,封堵井采用简易井口。

3　主要技术参数(以卫11储气库为例)

3.1　压力级别确定

根据注采井压力计算结果,结合最高井口注气压力,按照API标准,依据井口装置额定工作压力选值表(表3-1-1),确定井口装置相应的压力级别,符合安全技术要求。

表3-1-1　井口装置额定工作压力选值表

	MPa	psi
额定工作压力值	13.8	2000
	20.7	3000
	34.5	5000
	69	10000
	103.5	15000

3.2　温度级别确定

额定温度值是指装置在使用过程中会遇到的最低温度和最高温度,最低温度一般为最低环境温度,最高温度考虑温度变化和后期生产、施工作业中装置可能测得的最高值,设计应按表3-1-2的规范取值。

表 3 - 1 - 2 额定温度值表

温度级别	作业范围/℃	
	最低温度	最高温度
K	-60	82
L	-46	82
P	-29	82
R	室温	
S	-18	66
T	-18	82
U	-18	121
V	2	121

最低温度的取值按当地近 50 年有历史记录的最低值 -21℃，最高温度的产生是注采气介质的温度，结合气田地层温度，考虑计算误差及极端环境情况，以及后期作业、措施的入井液需求，并参考相邻储气库井口选择标准，选择确定相应的温度级别。

3.3 材料级别确定

根据储气库腐蚀环境分析，井口装置工作过程中接触水和含有 CO_2 的天然气，以及采取措施时的腐蚀性介质，故井口及采气树处于酸性环境中。依据对注采气体腐蚀的计算结果，推荐井口材料选择不锈钢材质，暂选材料级别为 CC 级。但考虑到部分气田地层流体矿化度高，尤其是部分管道气中的 H_2 对管材的影响暂不明确，为确保井口长期安全可靠运行，在井口采购前，应委托有资质的厂家对该材质进行室内实验评价。

产品材料级别选择依据表 3 - 1 - 3、表 3 - 1 - 4 进行。

表 3 - 1 - 3 井口及采气树材料级别要求表

材料级别	材料最低要求	
	本体、盖、端部和出口连接	控压件、阀杆、心轴、悬挂器
AA——一般使用	碳钢或低合金钢	碳钢或低合金钢
BB——一般使用		不锈钢
CC——一般使用	不锈钢	
DD—酸性环境[a]	碳钢或低合金钢[b]	碳钢或低合金钢[b]
EE—酸性环境[a]		不锈钢[b]
FF—酸性环境[a]	不锈钢[b]	
HH—酸性环境[a]	抗腐蚀合金[b]	抗腐蚀合金[b]

注：a 指按 NACE MR 0175 定义。
  b 指符合 NACE MR 0175。

API spec 6A 版规定了材料等级：AA、BB、CC、DD、EE、FF、HH（表 3 - 1 - 4）。

表3-1-4 井口及采气树材料级别选择表

材料级别	H_2S 分压/psi	CO_2 分压/psi	氯化物/ppm	最高温度/℉(℃)
AA(合金钢) 无腐蚀工况	0.05	<7	<20000	350(177)
BB(合金钢,不锈钢) 中等腐蚀环境工况	0.05	7~30	<20000	350(177)
CC(全不锈钢) 腐蚀环境工况	0.05	>30	<50000	250(121)
DD(NACE工况合金钢) 无腐蚀酸性环境	>0.05	<7	<20000	350(177)
EE(NACE合金钢,不锈钢) 中等腐蚀,酸性环境	>0.05	7~30	<50000	350(177)
FF(NACE全不锈钢) 中等腐蚀,酸性环境	0.05~10	>30	<50000	250(121)
HH(全镶嵌镍基合金) 极端腐蚀,酸性环境	>10	>30	≤100000	350(177)

注:1ppm = 10^{-6}。

采气树采用法兰式连接,生产阀门为双阀门设计,生产翼配套地面安全阀,如图3-1-3所示。

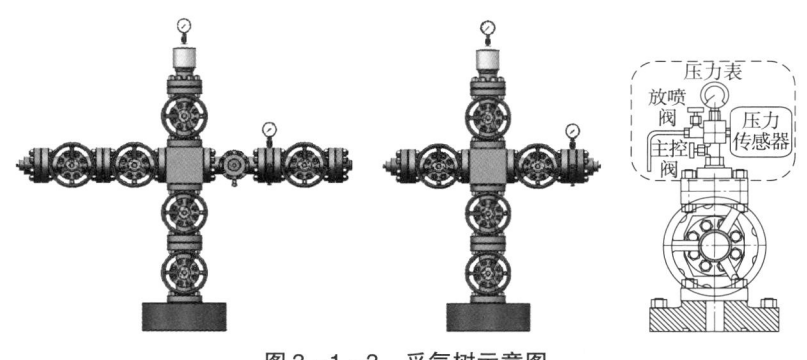

图3-1-3 采气树示意图

4 采气树主要部件

4.1 闸阀

闸阀作为采气井口装置的核心部件,担负着开启或截断管道介质,并控制高压介质流向的作用。

闸阀是指关闭件(闸板)沿介质通道中心线的垂线方向运动的阀门。通过闸板沿通路中心线的垂直方向上下移动,起到截断和开启通道的作用。

井口所用闸阀有平板闸阀和楔式闸阀两种。连接方式分螺纹式、法兰式和卡箍式三种。闸阀在管路中只能作全开和全关使用,不能作调节压力和节流使用。

储气库采气树闸阀均为平板闸阀,其具有操作轻便、密封可靠、寿命长、结构简单紧凑、制造工艺性好、成本低等特点。满足介质双向流动要求,在高压下能保证可靠地工作。如图3-1-4、图3-1-5所示。

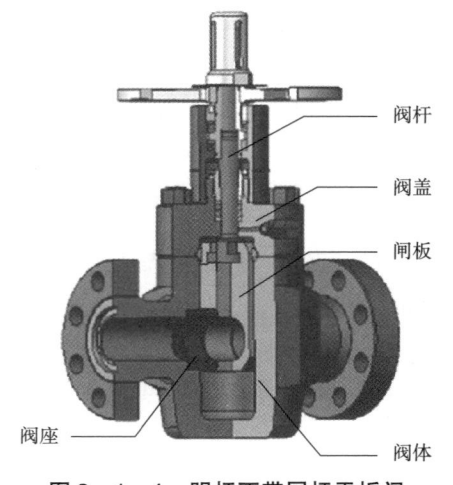

图 3 - 1 - 4　明杆不带尾杆平板阀

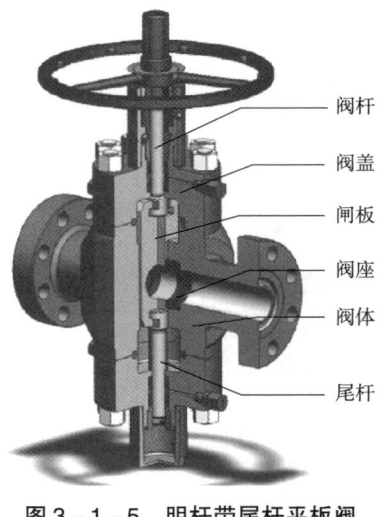

图 3 - 1 - 5　明杆带尾杆平板阀

4.1.1　手动平板闸阀工作特点

(1)可靠的双向密封设计，允许阀门安装时不需要考虑流向。

(2)阀门全开时通径相同，可最大限度地降低压降、减少紊流现象。

(3)手动平板闸阀阀板与阀座为压力自紧式浮动金属密封，阀杆工作只产生轴向作用力，操作力矩小。

(4)阀板与阀座表面喷(堆)焊硬质合金，具有良好的耐磨、耐腐蚀性能。

(5)阀杆密封采用复合式阀杆密封盘根，盘根填料采用特殊结构的复合材料制造。

(6)轴承座上设有专门润滑轴承的油嘴，便于现场加注润滑脂。

(7)阀盖一侧设有密封脂注入阀，以便现场补注密封脂，提高阀、阀座的密封性能及润滑性能。

4.1.2　手动平板闸阀操作

逆时针旋转操作手轮，阀门开启，反之则关闭。

4.1.3　手动平板闸阀操作要点

(1)DN80 以上直径闸阀可 2 人操作，不宜用加力杠、管钳等工具猛开猛关，也不宜用冲击力方式开关闸阀。

(2)阀门开关到位后，应再倒转 1/4 ~ 1/3 圈。

4.1.4　安全注意事项

(1)操作时应侧身操作，防止阀杆飞出伤人。

(2)闸阀作为气井生产中截断气流用，在操作使用中，应使阀门处于全开或全关两种位置，严禁半开或半关。严禁作调节气量用，否则会影响阀门的密封性能和使用寿命。

4.1.5　日常维护

(1)阀腔注脂。

①周期：阀门每操作 30 次或使用 3 个月必须加注密封脂。

②方法：关闭闸阀到全关位置，打开注脂阀接头，接上手动注脂器，向阀腔内注脂，注脂操作完毕，拧紧注脂阀接头。如图 3 - 1 - 6 所示。

（2）向填料注脂。

①周期：阀门每操作 50 次或使用 3 个月必须加注密封脂。

②方法：开启闸阀到全开位置，并且阀杆到密封接触处，打开注脂阀接头，接上手动注脂器，向阀腔内注脂，注脂操作完毕后，拧紧注脂阀接头。

（3）轴承注脂口注脂。

①周期：阀门使用 1 个月必须向轴承座加注润滑脂。

②方法：用黄油枪向轴承座上黄油嘴注入润滑脂，如图 3－1－7 所示。

（4）阀杆丝扣润滑。

①周期：1 个月清洗一次丝扣，保持丝扣干净润滑。

②方法：拧开护罩，将阀门全开，在丝扣上涂上润滑脂。

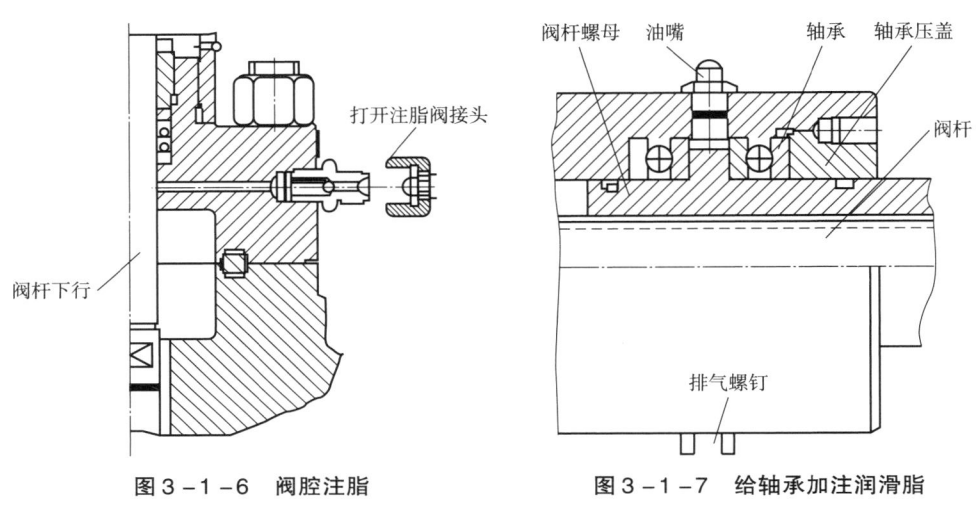

图 3－1－6　阀腔注脂　　　　　图 3－1－7　给轴承加注润滑脂

4.1.6　故障分析与处理

故障分析与处理见表 3－1－5。

表 3－1－5　故障分析与处理

故障	原因	处置措施
液体从阀板和阀座处泄漏	阀板或阀座已磨损，手轮未后退	更换阀板或阀座将手轮后退 1/4 圈
液体从阀杆周围泄漏	阀杆密封已磨损	更换阀杆密封
液体从阀盖边缘处泄漏	1. 阀盖密封圈已磨损； 2. 阀盖或阀体环形槽被损坏	1. 更换阀盖密封圈； 2. 将闸阀退回原厂维修
液体从阀盖接头处泄漏	润滑脂嘴内的单流阀已磨损	更换润滑油嘴
手轮转动困难	1. 止推轴承未被润滑； 2. 止推轴承被腐蚀； 3. 阀板和阀杆螺纹未被润滑； 4. 试压时阀内有水，气温低，结冰	1. 润滑止推轴承； 2. 更换止推轴承； 3. 通过润滑脂嘴润滑阀板和阀杆； 4. 用蒸汽车将阀解冻
手轮旋转无法打开或关闭闸阀	阀杆剪切销被剪断	更换阀杆剪切销

4.2 地面安全阀（SSV）

（1）地面安全阀包含一个活塞腔与一个压缩弹簧相连的活塞，以及液压管线控制阀板机构，如图3-1-8所示。

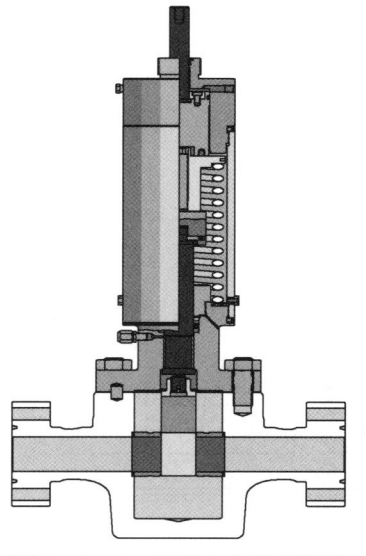

图3-1-8 地面安全阀示意图

（2）当外部液压油压力进入活塞腔后，在压力作用下液压活塞向前移动，带动阀杆向前运行，最终阀板开启使气流通过，同时压缩弹簧，弹簧蓄能。当外部泄压后，安全阀活塞腔内的液压油通过回油管线回油箱，液压压力释放，弹簧储存的势能释放，推动液压活塞后移，同时带动阀杆和阀板后移，关闭地面安全阀。

4.3 注采井井口各部件作用

（1）总闸阀：安装在上法兰以上，是控制气井的最后一个闸门，它一般处于开启状态，如果要关井，可以关油管闸门。总闸门一般装有两个，以保证安全。

（2）小四通：通过小四通可以注气、采气、放喷或压井。

（3）油管闸阀：当用油管注、采气时，用来开、关井。

（4）测压闸阀：通过测压闸阀使注采井在不停产时下压力计测压、取样。

（5）地面安全阀：当发生异常情况时，可实现自动或人为快速关闭井口，隔离储气气藏和地面生产系统，缩小事故范围及减轻事故危害。

项目二　油管头

1　项目简介

油管头通常是一个两端带法兰的大四通，它安装在套管头的上法兰上，用以悬挂油管柱，并密封油管柱和套管之间的环形空间，其上平面是计算油补距和井深数据的基准面。

2　油管头结构

油管头主要由油管四通、油管挂、锁紧顶丝和密封件等组成。如图3-1-9所示。

（1）油管四通是采用符合API spec 6A中材料性能要求的不锈钢锻造而成的，工作安全可靠。

（2）油管四通侧出口为栽丝法兰连接，并带VR堵螺纹，可以在不压井的情况下更换阀门。

（3）油管四通底部采用两道DCM型金属二次密封，密封可靠，且可以在两道二次密封圈之间试压。该金属密封圈通过机械外力对称紧固法兰螺栓对金属密封部位进行挤压变形从而使其密封，故密封可靠。

油管挂　　锁紧顶丝

油管四通　　连接油管

图3-1-9 油管头结构图

（4）锁紧顶丝：油管四通上法兰的锁紧顶丝用于固定和压紧油管挂。

（5）油管四通上法兰侧面配1个1/2 in NPT出口，供1/4 in井下安全阀液控管线穿越。

3　油管头作用

（1）悬挂井内油管柱。

（2）密封油管与套管之间的环形空间。

（3）为下接套管头、上接采气树提供过渡。

（4）通过油管四通上的两个侧口（接套管阀门），完成套管注入及洗井等作业。

项目三　套管头

1　项目简介

套管头是套管和井口装置之间的重要连接件。为了支持、固定下入井内的套管柱，安装防喷器组和其他井口装置，用丝扣或法兰与套管柱顶端连接并坐落于外层套管的一种特殊短接头。

它的下端通过螺纹与表层套管相连，上端通过法兰或卡箍与井口装置（或防喷器）相连。在套管头内还设置套管挂，用以悬挂相应规格的套管柱，并密封环空间隙。气井完井后，套管头上则安装采气树。

2　套管头结构

一般由本体、四通、套管悬挂器、密封组件和旁通管等组成。如图 3 - 1 - 10 所示。

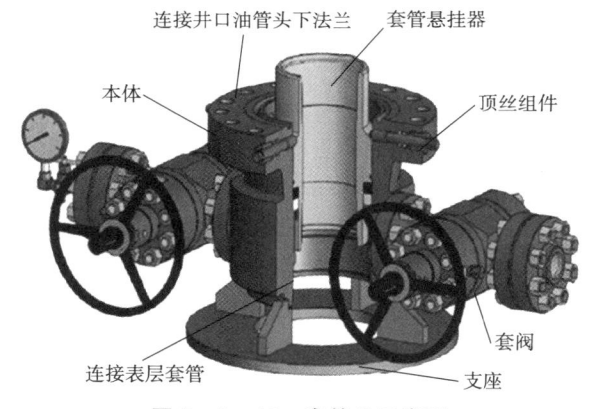

图 3 - 1 - 10　套管头示意图

3　套管头作用

（1）能使整个钻井井口装置实现压力匹配，是套管与防喷器、采气井口连接的重要装置。

（2）能提高钻井井口装置的稳定性。

（3）能在内、外套管柱之间形成压力密封。

（4）为释放聚积在两层套管环形空间中的压力提供出口。

（5）在紧急情况下，可向井内泵入液体，如压井液、高效灭火剂等，进行钻采工艺方面的特殊作业，如补挤水泥、酸化时打平衡液等。

模块二　井口安全控制系统

储气库注采井不同于一般的采气井，运行时将处于一个压力周期性变化的过程中，其正常运行直接影响到用户的工作与生活以及周围环境的安全性。为确保注采井注采气安全，设计注采安全控制系统。

项目一　井口安全控制系统简介

1　项目简介

井口安全控制系统（简称井安系统）是一种用于天然气井口的安全生产和紧急保护装置，当发生异常情况（超压、失压、火灾或其他紧急情况）时，可实现自动或人为快速关闭井口，隔离储气气藏和地面生产系统，缩小事故范围及减轻事故危害。

2　井安系统结构及作用

2.1　井安系统组成

井安系统主要由控制柜、油箱、电动增压泵、手动增压泵、中继阀、电磁阀、压力开关、液位变送器、压力变送器、指示器、蓄能器、井下回路液控三通阀、两通球阀、地面回路液控三通阀、SCSSV 回路溢流阀、SSV 回路溢流阀、地面回路减压阀、先导回路减压阀、压力表、防爆接线盒、供油系统、延时蓄能器、易熔塞、节流阀、单向节流阀和高低压管线等组成。

2.2　井安系统各部件作用

（1）控制柜：井安系统的操作及控制界面，提供操作及放置其他组成元件功能。

（2）供油系统：油箱容积 30L，带液位指示计、液位变送器、吸油过滤器、呼吸口、加油口、液压油出口球阀和油箱排污球阀，液压油为优质低黏度液压油。

（3）液压油出口球阀：液压油出口开关，手动增压泵或电动增压泵维护时关闭此阀。

（4）油箱排污球阀：当清洗完油箱底部沉淀的油污后，打开排污球阀，排放废油。

（5）加油口：用于给油箱加注油液和呼吸空气。

（6）油箱清洗法兰：油箱内部清洗入口，法兰板如有油渗漏，更换密封圈。

（7）电动增压泵：最大输出压力 10000psi，流量 0.64L/min，设定启停压力 6500～7500psi，电机功率 2.2kW。

（8）手动增压泵：最大输出压力 10000psi，在系统中起应急缓慢补压作用。

（9）井下安全阀中继阀：当向外拉出井下安全阀中继阀手柄时，开启井下安全阀，同时为系统建立回路压力，为后期打开井上安全阀提供条件；当推进井下安全阀中继阀手柄时，系统回路压力丢失，井上安全阀关闭，在流量控制阀和容量瓶延时作用后关闭井下安全阀。

（10）井上安全阀中继阀：用来控制井上安全阀开关的控制阀。当井下安全阀中继阀开启后，向外拉出井上安全阀中继阀把手，开启井上安全阀；推进井上安全阀中继阀手柄，关闭井上安全阀。

（11）电磁阀：远程控制回路的开关控制阀，该阀设计有进口、出口、排放口，供电时介质进口与出口连通形成闭环回路，断电时出口与排放口连通，井上安全阀中继阀背压丢失，电磁阀设计有旁通，当供电中止时应及时将电磁阀旁通开关旋转至旁通位置。

（12）压力开关：泵启停压力开关，易熔塞压力开关，地面、井下安全阀压力开关。

（13）液位变送器：工作电源24V，实时检测油箱液位状态，输出为4~20mA，防爆等级为 Exd Ⅱ CT4。

（14）液位指示计：油箱液位观察口，油箱液位不能高于或低于液位计上、下限。

（15）地面安全阀蓄能器：对 SSV 液控回路起稳压、缓冲、蓄能作用，最大工作压力5000psi，氮气预充压力2000psi。

（16）泵出口蓄能器：对泵输出主回路起稳压、缓冲、蓄能作用，最大工作压力10000psi，氮气预充压力5500psi。

（17）先导蓄能器：在先导控制回路中起补压作用，工作压力150psi，氮气预充压力50psi。

（18）延时关井蓄能器：在 SCSSV 先导控制回路中与节流单向阀配合实现延时关井，工作压力150psi，氮气预充压力50psi。

（19）呼吸口：用于给机柜呼吸空气。

（20）泵输出、SCSSV 回路溢流阀：设定压力8000psi，用于控制增压泵输出压力、井下安全阀液控压力在设定压力范围内工作，同时对井下回路管线、井下安全阀起保护作用。调节螺母顺时针旋转溢流加大，反之减小。正常情况下，溢流阀不动作。

（21）SSV 回路溢流阀：设定压力4200psi，用于 SSV 液控压力在设定压力范围内工作，同时对 SSV 回路管线起保护作用。调节螺母顺时针转动，溢流加大，反之减小。正常情况下，溢流阀不动作，用锁紧螺母锁紧。

（22）SSV 液控三通：主要供给、释放 SSV 回路压力。

（23）SCSSV 液控三通：主要供给、释放 SCSSV 回路压力。

（24）延时关井调节阀：调节螺母顺时针旋转，关井时间延长，反之缩短。调节完毕后，用锁紧螺母锁紧。

（25）先导减压阀：调压范围0~500psi，设定范围70~90psi。

（26）SSV 控制回路减压阀：调压范围50~6000psi，设定3500psi。

项目二　井口安全控制系统功能

1　项目简介

井口安全控制系统(简称井安系统)采用地面及井下两级安全控制，保证整个系统安全可靠。如图3-2-1所示为地面控制系统示意图。

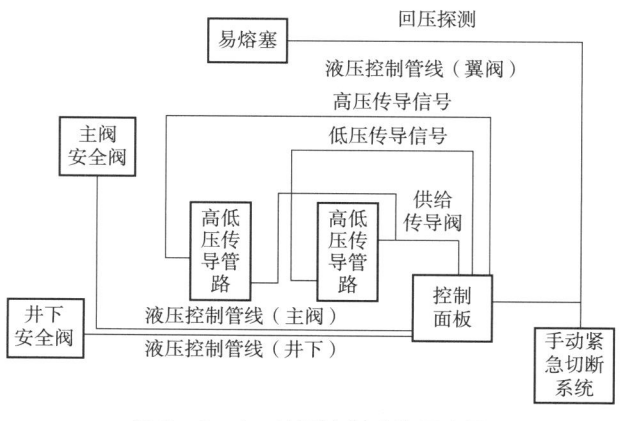

图 3 - 2 - 1　地面控制系统示意图

储气库丛式井场设置的井口安全控制系统，其生产厂家主要有成都中寰流体设备有限公司和深圳弗赛特科技股份有限公司。

2 井安系统特性

（1）防火、防爆。在井口上方配置易熔塞，当井口发生火灾或爆炸时，易熔塞熔化，控制系统自动泄压，关闭井下和地面安全阀，切断气体流道，使事故在可控范围之内。

（2）高低压关井。为防止压力过高或过低对注采系统产生影响，采用高低压传感阀采集信号并传递给主控装置，实现对井安系统的控制，达到高低压关井的目的。高压保护主要用于管线来气压力高于注采系统额定工作压力时，实现关断保护；低压保护主要用于管线或下游系统出现爆裂等事故时，压力低于预定值，自动关闭地面及井下安全阀，起到安全保护作用。

（3）手动紧急关断。用于当井口出现重大安全问题，而自动关断系统失效的情况下，人工手动关井控制。

（4）自动控制。对开井和关井所需的各种功能和状态进行自动监控，监控信号可无线传输，实现远程控制。

（5）安全控制配套系统。当地面和井下安全阀压力系统由于环境温度和管线泄漏导致压力下降时，气动泵会自动补偿系统压力，维持安全控制系统正常工作。当环境原因或人为误操作导致系统压力高于设定值时，安全溢流阀会自动释放多余压力，维持系统正常压力。井口安全控制系统示意图，如图3-2-2所示。

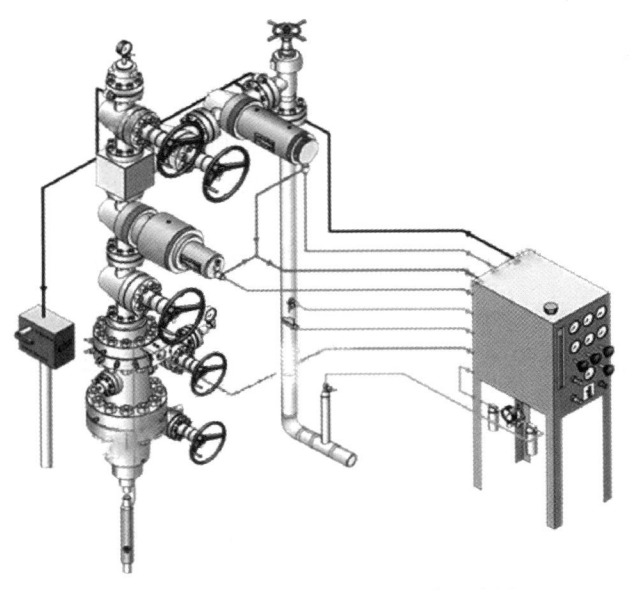

图3-2-2 井口安全控制系统示意图

项目三 井口安全控制系统工作原理

1 项目简介

在电动增压泵或手动泵的作用下，将液压油增压，增压泵压力输出的大小与启停受压力开关控制。先导压力控制液控阀动作，系统液控阀控制高压液压油导通或关闭，从而对管线系统进行控制，即打开 SSV 和 SCSSV。高压、低压溢流阀控制系统压力保持在一定范围内工作，中继阀或电磁阀接到关闭信号后，释放高压液控三通阀先导控制压力后，泄压阀自动复位，瞬时把系统压力降为 0，即关闭 SCSSV 和 SSV。

2　井安系统工作原理

不同厂家的井口控制柜、工作原理及设备组成均相同，即包含两台阀门、四个回路。

2.1　两台阀门

地面安全阀和井下安全阀，在井口异常状态下实现自动切断。

2.2　四个回路

（1）主控制回路：为地面及井下输出油路液压控制器提供背压。

（2）输出回路：为地面安全阀及井下安全阀提供液压动力。

（3）先导控制回路：为先导控制系统提供液压油，在管道压力异常时触发联锁，地面安全阀关断。

（4）易熔塞及自动关断回路：发生火灾时，泄放控制回路油路，实现地面及井下安全阀关断。

3　主要设备工作原理

3.1　地面安全阀（SSV）工作原理

地面安全阀是带有活塞式执行机构的逆向动作闸阀。闸阀的开与关由执行机构完成，执行机构内有带动阀杆的活塞，活塞的一端为充液室，另一端为弹簧。当活塞接受液压时，推动压缩弹簧，闸阀被打开；当液压卸去时，弹簧伸展，闸阀被关闭。如图 3 - 2 - 3、图 3 - 2 - 4 所示。

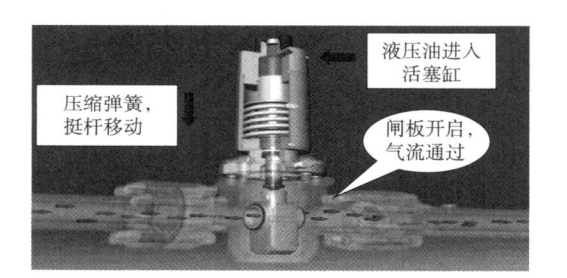

图 3 - 2 - 3　地面安全阀工作原理示意图

图 3 - 2 - 4　地面安全阀动作示意图

3.2 井下安全阀（SCSSV）工作原理

3.2.1 结构

井下安全阀主要由下列几部分组成：密封圈、锁定装置、传压通道、活塞、弹簧及阀瓣等，其中锁定装置是将安全阀锁定在工作筒内的主要部件。如图 3-2-5 所示。

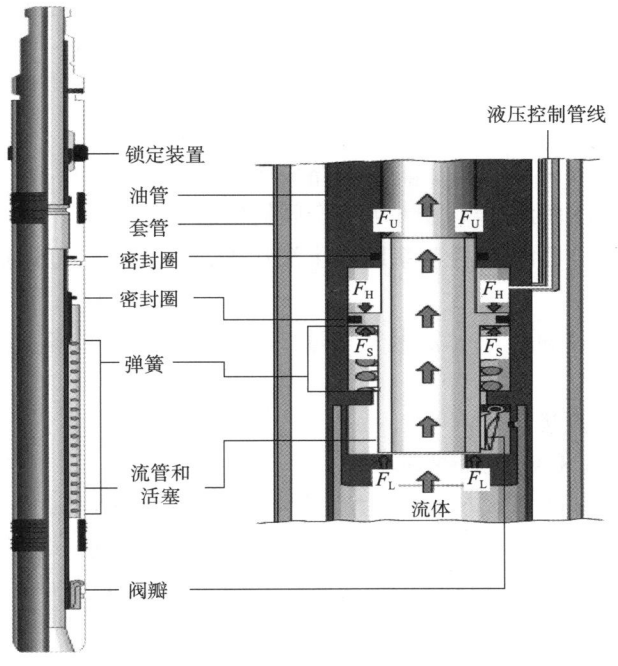

图 3-2-5 井下安全阀结构示意图

3.2.2 工作原理

井下安全阀包含一个与压缩弹簧相对的活塞，井内压力作用于阀瓣机构。当井下安全阀液压管线内的液压油进入活塞腔时，推动活塞下行，压缩弹簧，顶开阀瓣，打开井下安全阀。保持井下安全阀液压管线的压力，井下安全阀即保持开启状态。活塞腔内的压力释放后弹簧回弹，活塞向上运动，使得阀瓣重新回到关闭的位置。如图 3-2-6 所示。

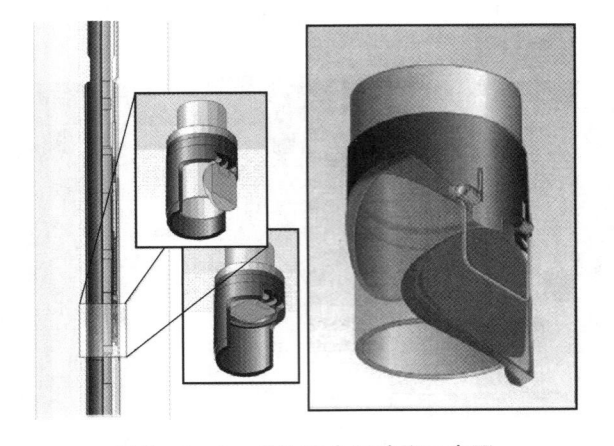

图 3-2-6 井下安全阀动作示意图

4 井安系统控制逻辑

根据触发联锁的严重等级，井安系统具备以下 4 种逻辑。

（1）逻辑一：易熔塞高温熔化，地面及井下安全阀全部自动关断。

（2）逻辑二：SIS 系统 ESD 信号触发，地面及井下安全阀关断。

（3）逻辑三：先导阀检测管线压力异常，地面安全阀关断。

（4）逻辑四：油箱液位过低，电液泵联锁停机。

项目四 井口安全控制系统操作

1 项目简介

储气库注采井采用地面及井下两级安全控制，保证整个系统安全可靠。

井口安全控制系统可有序地对地面安全阀（SSV）、井下安全阀（SCSSV）进行开启和关断。

2 操作前准备

2.1 劳保穿戴整齐

穿戴标准配置的劳保用品：安全帽帽壳、帽箍、顶带完好，后箍、下颚带调整松紧合适、固定可靠，女同志头发盘于帽内；工衣袖口、领口扣子扎紧；工鞋大小合适，鞋带绑扎松紧合适、不落地。

2.2 工具、用具准备

准备可燃气体检测仪、防爆对讲机、防毒面具、验漏壶、毛巾、防爆工具、防爆手电（夜间携带）等，并保证对讲机和检测仪处于良好状态。

2.3 操作前的检查和确认

（1）380V AC 动力电源连接到位，指示灯亮起。

（2）电机处于工作准备状态。

（3）导阀组仪表阀、针形阀等处于投运状态。

（4）蓄能罐卸放阀关闭。

（5）电泵进、出口投运。

（6）系统充压及启动准备。

①旋转电液泵控制开关至自动运行工况，建立系统运行压力至设定值（初设启泵压力 4500psi，成都中寰流体设备有限公司停泵压力 6300psi、深圳弗赛特科技股份有限公司停泵压力 7500psi），观察系统压力表读数。

②调节调压阀手柄，建立系统控制压力至设定值 75psi，观察压力表读数。

③调整高压调压阀手柄，并设定压力值为 2200psi，观察压力表读数。

3 操作步骤

3.1 井下安全阀开启

（1）拉井下安全阀手柄，按下锁定销。

（2）待系统建立一个可持续的控制压力后，锁定销将自动弹出。

（3）此时井下安全阀控制开关处于自动工作状态，井下安全阀打开，观察井下安全阀驱动压力表读数。

3.2 井口安全阀开启

(1)拉井口安全阀手柄，按下锁定销。

(2)待系统建立一个可持续的控制压力后，锁定销将自动弹出。

(3)此时井口安全阀控制开关处于自动工作状态，安全阀打开，观察井口安全阀驱动压力表读数。

3.3 井口(井下)安全阀关断

3.3.1 手动关断

(1)就地关闭 SSV 控制手柄，关闭 SSV。

(2)就地关闭 SCSSV 手柄，关闭 SSV、SCSSV。

3.3.2 机柜远程自动关断

(1)远程关闭 24V DC(电磁阀 T1)，关闭 SSV。

(2)远程关闭 24V DC(电磁阀 T2)，关闭 SSV、SCSSV。

4 操作要点

(1)开井时，应先开井下安全阀，再开地面安全阀。

(2)开井操作时，待井下安全阀完全打开后，继续观察"地面液控压力""井下液控压力"两压力表的压力是否稳定，确认稳定后方可离开。

5 安全注意事项

(1)易熔塞熔化会自动关断 SCSSV 和 SSV(熔化温度 123℃)。

(2)高(低)导阀检测到压力高(低)限，会自动关闭 SSV。

(3)控制柜内液压油管线有渗漏现象，及时进行紧固。

(4)油箱液面低于液位开关(LS1)设定极限，将切断电机电源，电机停止工作。控制柜液压油箱油位不足时，要及时进行补充。

(5)系统压力参考值。

成都中寰流体设备有限公司：

①控制回路压力：70～100psi。

②SSV 压力：1800～2700psi。

③SCSSV 压力：6000～6700psi。

深圳弗赛特科技股份有限公司：

①控制回路压力：70～100psi。

②SSV 压力：2800～3400psi。

③SCSSV 压力：6000～7500psi。

6 异常处理

(1)地面安全阀打不开。首先检查管线压力是否达到低压限压阀动作压力，若未达到设定压力，给管线冲压，重新启动地面安全阀。其次检查先导压力是否达到设定值，若未达到，则检查控制柜流程、先导调压阀滤芯是否堵塞。排除以上故障后，重新启动地面安全阀。

(2)井下安全阀打不开。可能是液压油压力不够，以及液压管线漏失导致。可检查液压管线、进行手动泵加压处理。

7　突发事件应急处置

（1）现场出现火灾、爆炸时，应立即停止作业，妥善处理现场。

（2）如事件不可控制，应立即启动站场应急处置预案并进行处理。

项目五　井口安全控制系统故障处理

1　项目简介

通过分析井口安全控制系统故障表象，找准故障发生的原因，制定详细的井口安全控制系统排查方案，对后期井控柜问题排查及人员培训具有重要意义。

2　系统故障

2.1　常规型问题

常规型问题主要是井口安全控制系统油路泄漏。

2.2　特殊型问题

（1）高低压先导阀均处于旁路状态下地面安全阀异常关断。

（2）高低压先导阀投用后地面安全阀关断（非联锁关断）。

（3）注油泵长时间打压，系统压力不上升。

3　故障分析

3.1　井控柜油路外漏

丛式井场巡检人员定期巡检，对上位机频繁报警的井控柜进行重点排查。

3.2　高低压先导阀在旁路状态下关断

（1）ESD、易熔塞等条件触发。

（2）地面安全阀电磁阀失电。

（3）高低压先导阀旁路功能失效，条件触发关断。

①通过查看井控柜控制面板及指示器，排除 ESD 触发因素。

②通过查看地面安全阀电磁阀回油管线，测试电磁阀供电，排除电磁阀故障因素。

3.3　高低压先导阀密封损坏

导阀投用后地面安全阀发生关断，同理旁路时却不发生关断。

（1）可能的原因：投用后高低压先导控制阀有回油现象，导致地面安全阀的背压无法建立，初步判断为高低压先导阀密封损坏。

（2）排查步骤：将导阀置于旁路，打开地面安全阀，拆开高低压先导阀油路，投用高低压先导阀，确认故障位置。如图 3 - 2 - 7 所示。

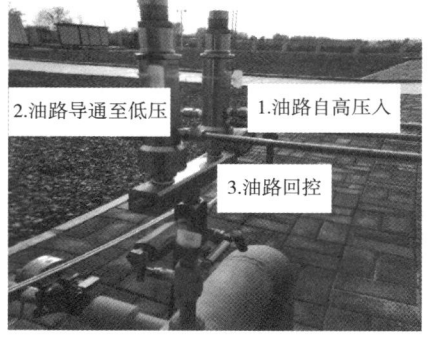

图 3 - 2 - 7　高低压先导阀油路

3.4 注油泵长时间打压系统压力不上升

注油泵长时间打压系统压力不上升，通过执行图 3 – 2 – 8 排查方案，确定为安全溢流阀内漏导致。

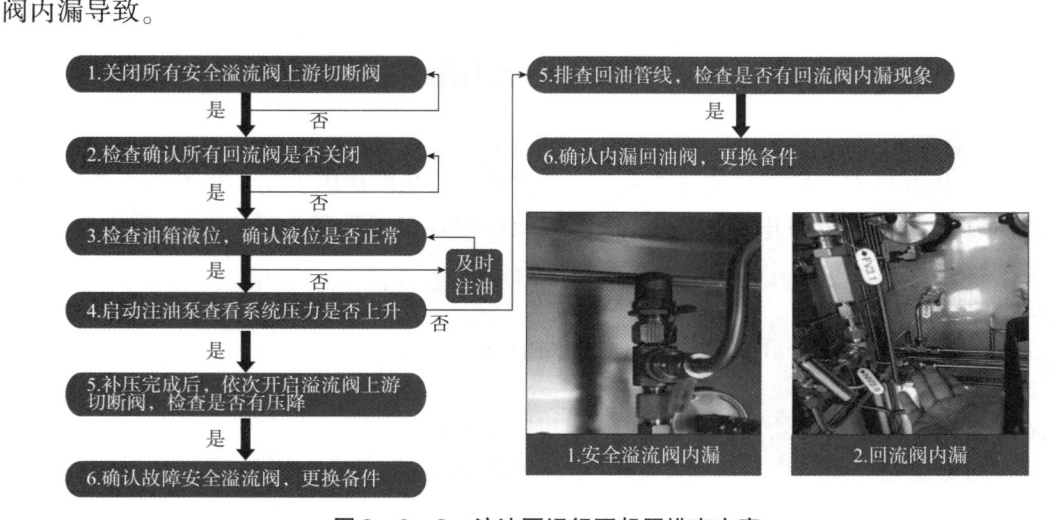

图 3 – 2 – 8   注油泵运行不起压排查方案

4 故障处理

4.1 高低压先导阀旁路失效

将井口注气阀门缓慢开启，使管线内压力处于正常区间（先前为关井状态），将高低压先导阀均置于旁路状态，关闭高低压先导阀，从导阀泄放口缓慢泄压，观察压力下降趋势，低于联锁值时是否触发关断。如图 3 – 2 – 9 所示。

图 3 – 2 – 9   高低压先导阀旁路阀

4.2 高低压先导阀投用后地面安全阀关断（非联锁关断）

拆卸低压先导阀，检查导阀密封部件，找出损坏胶圈，更换损坏胶圈并回装。如图 3 – 2 – 10 所示。

4.3 注油泵长时间打压系统压力不上升

通过检查发现溢流阀存在内漏后，对溢流阀及时进行更换，更换后重新补压，建立系统压力。如图 3 - 2 - 11 所示。

图 3 - 2 - 10 损坏胶圈　　　图 3 - 2 - 11 损坏的控制回路溢流阀

模块三　井口检测装置

井口检测装置主要由压力、温度检测装置组成。压力、温度检测装置主要有压力表、温度表、压力变送器和温度变送器等。

项目一　压力表日常操作与维护

1　项目简介

压力表是通过表内的敏感元件(波登管、膜盒、波纹管)的弹性形变，由表内机芯的转换机构将压力形变传导至指针，引起指针转动来显示压力。

当压力表出现以下情形时，需要更换检定合格的压力表，确保压力表准确显示真实压力值，为生产分析提供准确的压力资料。

(1)压力表指针无法归零。

(2)压力表指针明显弯曲变形。

(3)压力表外观损坏(金属罩锈蚀、玻璃片破裂、校检铅封脱落、指示刻度模糊不清等)。

(4)压力指示值与真实值偏差较大。

(5)压力表测量元件破裂渗漏。

(6)压力表检定不合格或超过检定期。

2　操作前准备

2.1　劳保穿戴整齐

穿戴标准配置的劳保用品：安全帽帽壳、帽箍、顶带完好，后箍、下颚带调整松紧合适、固定可靠，女同志头发盘于帽内；工衣袖口、领口扣子扣紧；工鞋大小合适，鞋带绑扎松紧合适、不落地。

2.2　工具、用具准备

准备可燃气体检测仪、防爆对讲机、验漏壶、密封垫片、润滑脂、压力表、活动扳手、毛巾等，并保证对讲机和检测仪处于良好状态。

2.3　操作前的检查和确认

(1)检查确认工具准备齐全。

(2)检查确认压力表示值正常。

(3)检查确认压力表接头处无跑、冒、滴、漏等现象。

(4)确认接到了调控中心指令或调控中心同意操作。

3　操作步骤

(1)关闭压力表取压针形阀。

(2)用扳手松动压力表接头，缓慢卸去针形阀至压力表接头管段内的天然气，直到压力表示值为零(如安装带有放空阀的取压针形阀，则关闭根部取压阀后打开放空阀，缓慢卸去针形阀至压力表接头管段内的天然气，直到压力表示值为零)。

(3)缓慢卸下压力表。

(4)打开取压针形阀，在吹扫取压管内的污物后，再关闭取压针形阀。

（5）选取合适的压力表及密封垫片，安装压力表。

（6）缓慢打开取压阀，观察压力表起压情况，待压力表指针基本稳定后进行验漏。

（7）操作完毕后向调控中心汇报，并做好记录。

4　操作要点

（1）备用压力表玻璃应无色透明，不应有妨碍读数的缺陷和损伤。

（2）备用压力表分度盘上的刻线、数字和其他标志应清晰准确。

（3）拆卸、安装压力表时需要轻拿轻放，放置压力表时应表盘朝下，以免表盘受损。

（4）仪表在测量稳定负荷时，不得超过测量上限的 2/3；测量波动压力时，不得超过测量上限的 1/2。这两种情况下，最低压力都不应低于测量上限的 1/3。

（5）仪表应按照设计要求垂直安装，搬运装接时应避免振动和碰撞。

5　安全注意事项

（1）开启根部阀时应缓慢，防止因压力冲击损坏压力表。

（2）操作时侧身操作，防止吹扫时高压气体（液体）对操作者造成伤害。

6　突发事件应急处置

（1）现场出现火灾、爆炸时，应立即停止作业，妥善处理现场。

（2）如事件不可控制，应立即启动站场应急处置预案并进行处理。

项目二　压力变送器启停操作与维护

1　项目简介

以罗斯蒙特 3051 型压力（差压）变送器为例。

3051 型压力（差压）变送器内有一隔离膜片，压力信号的变化经变送器内含的一种灌充液（硅油与惰性液）通过隔离膜片转换为电容的变化并传送至压力传感膜头，压力传感膜头将输入的电容信号直接转换成可供电子板模块处理的数字信号，再经电子线路处理转化为二进制 4～20mA DC 模拟量并输出叠加 HART 信号。

3051 型压力（差压）变送器主要部件为传感器模块和电子元件外壳。如图 3－3－1 所示。

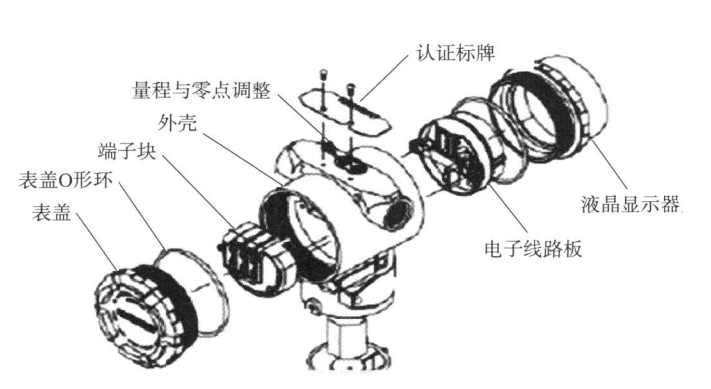

图 3－3－1　3051 型压力（差压）变送器结构图

2　操作前准备

2.1　劳保穿戴整齐

穿戴标准配置的劳保用品：安全帽帽壳、帽箍、顶带完好，后箍、下颚带调整松紧合适、固定可靠，女同志头发盘于帽内；工衣袖口、领口扣子扎紧；工鞋大小合适，鞋带绑扎松紧合适、不落地。

2.2 工具、用具准备

准备可燃气体检测仪、防爆对讲机、万用表、验漏壶、毛巾、防爆工具、防爆手电（夜间携带）等，并保证对讲机和检测仪处于良好状态。

2.3 操作前的检查和确认

（1）目视检查变送器各部件无损伤、腐蚀现象，发现产生腐蚀的附着物，应清除干净。

（2）密封压盖和O形环的检查。变送器为防水、防尘结构，应确认密封压盖和O形环无损伤和老化，另外严禁有异物附着在螺纹处。

（3）检查确认压力（差压）变送器各处连接阀门关闭，接口无流体泄漏。

（4）确认接到了调控中心指令或调控中心同意操作。

3 操作步骤

3.1 压力变送器投运操作

（1）接通压力变送器供电电源。

（2）打开压力变送器根部控制阀。

（3）缓慢打开压力变送器进口阀，向压力变送器充压。

（4）验漏。

（5）观察压力变送器示值显示是否正常，并与中控室及现场压力表进行比对。

3.2 压力变送器停运操作

（1）关闭压力变送器进口阀（长期停运应关闭压力变送器根部控制阀）。

（2）打开压力变送器放空阀，观察仪表显示。

（3）关闭压力变送器供电电源。

3.3 五阀组差压变送器投运操作

（1）接通差压变送器供电电源。

（2）打开差压变送器高、低压端根部阀，打开五阀组平衡阀，缓慢打开高压侧进口阀，关闭平衡阀，缓慢打开低压侧进口阀。

（3）观察差压变送器示值显示是否正常，并验漏。

3.4 五阀组差压变送器停运操作

（1）关闭高压侧进口阀，打开平衡阀，缓慢关闭低压侧进口阀，关闭平衡阀。

（2）打开放空阀，观察仪表显示。

（3）关闭差压变送器供电电源。

4 操作要点

（1）投用后应检查变送器各连接处是否渗漏。

（2）变送器投用后，应检查现场显示是否正常，并与中控室核实示值是否一致。

（3）开关阀门时，应缓慢平稳，避免因冲击损坏仪表零部件。

5 安全注意事项

（1）操作人员须侧身操作，禁止正对放压口，防止放空时高压气体（液体）对操作者造成伤害。

（2）若拆卸仪表，应通知专业人员先将仪表控制回路断开，再进行拆卸。

(3)隔爆型变送器的修理必须断电后在安全场所进行。

6　检查与维护

6.1　日检查内容

(1)检查变送器、铭牌，标识清洁、无污物。

(2)检查变送器是否有异常振动、异常响声。

(3)检查变送器显示是否正常，与中控室核实示值是否一致。

6.2　季检查内容

(1)对日检查的内容进行全面检查。

(2)检查变送器零部件完好性，无锈蚀、损坏。

(3)检查取压管及接头处有无漏气现象。

(4)检查防雷接地线，接线牢固。

(5)检查接线盒内有无水气或进水现象。

6.3　年检查内容

每年对变送器进行检定，确保测量准确。

7　故障分析判断与处置

压力(差压)变送器故障分析判断与处理，见表3－3－1。

表3－3－1　压力(差压)变送器故障分析判断与处理

故障	原因	处理方法
压力信号不稳	1. 压力源本身是一个不稳定的压力； 2. 变送器信号线缆屏蔽层双端同时接地，抗干扰能力不强； 3. 传感器本身振动很厉害； 4. 变送器敏感部件隔离膜片变形、破损； 5. 引压管泄漏或堵塞	1. 稳定压力源； 2. 信号线缆屏蔽层单端接地； 3. 检查并固定变送器； 4. 更换传感器(由专业人员操作)； 5. 清洗疏通引压管，排除漏点
变送器无输出	1. 传感器接错线； 2. 信号线路本身的断路或虚接； 3. 传感器损坏	1. 检查传感器线路并排除； 2. 检查断路或虚接点并排除； 3. 更换传感器
压力(差压)读数偏高或偏低	1. 电子线路板损坏，变送器内防雷元件烧坏； 2. 4～20mA电流信号不稳定； 3. 电缆干扰； 4. 接地线接地不标准	1. 更换电子线路板； 2. 进行信号输出调整； 3. 检查电缆，排除干扰源，规范接地线接法

8　突发事件应急处置

(1)现场出现火灾、爆炸时，应立即停止作业，妥善处理现场。

(2)如事件不可控，应立即启动站场应急处置预案并进行处理。

项目三　更换压力变送器操作

1　项目简介

当压力变送器出现故障时，须更换检定合格的压力变送器，保证压力数据准确，为生产分析提供准确的压力资料。

2 操作前准备

2.1 劳保穿戴整齐

穿戴标准配置的劳保用品：安全帽帽壳、帽箍、顶带完好，后箍、下颚带调整松紧合适、固定可靠，女同志头发盘于帽内；工衣袖口、领口扣子扎紧；工鞋大小合适，鞋带绑扎松紧合适、不落地。

2.2 工具、用具准备

准备可燃气体检测仪、防爆对讲机、万用表、验漏壶、毛巾、防爆工具、防爆手电（夜间携带）等，并保证对讲机和检测仪处于良好状态。

2.3 操作前的检查和确认

（1）记录更换前压力变送器压力数据。

（2）确认中控室上位机上该压力变送器处于维护状态。

（3）确认压力变送器已断电。

（4）确认接到了调控中心指令或调控中心同意操作。

3 操作步骤

（1）关闭压力变送器控制手柄，缓慢打开放空手柄，泄压至零。

（2）打开压力变送器接线端子盖，拆下电源信号线，标识线序并进行绝缘处理。

（3）拆卸压力变送器。

（4）安装校检合格的压力变送器。

（5）将电源信号线按照线序接于变送器相应的端子，确认无误后拧紧接线端子盖。

（6）关闭压力变送器放空手柄，缓慢打开控制手柄，并验漏。

（7）在中控室上位机上取消维护，对比确认压力显示正常。

（8）做好记录，收拾工具，清理现场。

4 操作要点

（1）投用后应检查压力变送器各连接处是否有渗漏。

（2）压力变送器投用后，应检查现场显示是否正常，并与中控室核实是否与显示值一致。

（3）开关阀门时，应缓慢平稳，避免冲击损坏仪表零部件。

5 安全注意事项

（1）操作人员须侧身操作，禁止正对放压口，防止放空时高压气体（液体）对操作者造成伤害。

（2）更换前应通知专业人员先将仪表控制回路断开，再进行拆卸。

（3）拆卸压力变送器检修时，须先关闭根部阀，再缓慢打开放空阀，放空后关闭放空和进口阀，关闭压力变送器电源开关。

（4）拆下的电源信号线须做绝缘处理。

6 突发事件应急处置

（1）现场出现火灾、爆炸时，应立即停止作业，妥善处理现场。

（2）如事件不可控，应立即启动站场应急处置预案并进行处理。

项目四 温度变送器启停操作与维护

1 项目简介

目前使用的温度测量仪表主要有两种：

（1）PT100铂热电阻。它是利用其内的导体或者半导体的电阻值与温度变化成一定比例来测量温度的。温度升高，电阻增大；温度降低，电阻减小。

（2）一体化温度变送器。它是通过变送器读取铂热电阻的电阻信号，通过不平衡电桥将电阻信号转换为4~20mA的电流信号上传或者就地显示温度。

2 操作前准备

2.1 劳保穿戴整齐

穿戴标准配置的劳保用品：安全帽帽壳、帽箍、顶带完好，后箍、下颚带调整松紧合适、固定可靠，女同志头发盘于帽内；工衣袖口、领口扣子扎紧；工鞋大小合适，鞋带绑扎松紧合适、不落地。

2.2 工具、用具准备

准备可燃气体检测仪、防爆对讲机、万用表、验漏壶、毛巾、防爆工具、防爆手电（夜间携带）等，并保证对讲机和检测仪处于良好的状态。

2.3 操作前的检查和确认

（1）检查确认温度变送器运行状态。

（2）检查确认温度变送器配管配线腐蚀、损坏程度，以及其他机械结构件完好性。

（3）确认接到了调控中心指令或调控中心同意操作。

3 操作步骤

3.1 温度变送器投运

（1）开启温度变送器电源开关，变送器投用。

（2）观察温度变送器示值显示是否正常，并与中控室及现场温度表比对。

3.2 温度变送器停运

（1）关闭温度变送器电源开关。

（2）做好停运记录。

4 操作要点

现场操作后，检查温度变送器显示是否正常，并与中控室核实与显示值是否一致。

5 安全注意事项

（1）通电情况下打开电子单元盖和端子盖，易导致信号线路短接或接地，造成浪涌保护器通道损坏或模拟量模块报警、通道损坏。

（2）阴雨天气设备潮湿、进水，引起信号线短接或接地，导致机柜内控制该温度变送器的保险烧毁或模拟量通道烧毁。

（3）接地线存在虚接，导致雷雨天气击坏变送器。

6 检查与维护

6.1 日检查内容

（1）检查变送器、铭牌、标识，应清洁、无污物。

（2）检查变送器是否有异常振动、异常响声。

（3）检查变送器显示是否正常、变化灵敏，与站控机显示值是否一致。

6.2　季检查内容

（1）对日检查的内容进行全面检查。

（2）检查变送器零部件完好性，无锈蚀、损坏。

（3）检查接线盒内有无水气或进水现象。

6.3　年检查内容

每年对基本误差、绝缘电阻和绝缘电流进行一次定期检定，确保变送器显示值准确。

7　故障分析判断与处置

温度变送器故障分析判断与处理见表3-3-2。

表3-3-2　温度变送器故障分析判断与处理

故障	原因	处理方法
显示值比实际值低或不稳定	接线柱间腐蚀或热电阻短路(有水滴等)	1. 找到短路处，清理干净或吹干； 2. 加强绝缘
显示仪表指示无穷大	1. 热电阻或引出线断路； 2. 接线端子松开	1. 更换热电阻； 2. 拧紧接线螺丝
热电阻阻值与温度关系无变化	热电阻丝材料受腐蚀变质	更换热电阻
仪表指示负值	1. 仪表与热电阻接线有错； 2. 热电阻有短路现象	1. 改正接线； 2. 找出短路处，加强绝缘
温度读数偏高或偏低	1. 电子线路板损坏； 2. 温度信号不稳定； 3. 电缆干扰或接地线接地不标准	1. 更换电子线路板； 2. 进行信号输出调整； 3. 检查电缆，排除干扰源，规范接地线接法

8　突发事件应急处置

（1）现场出现火灾、爆炸时，应立即停止作业，妥善处理现场。

（2）如事件不可控制，应立即启动站场应急处置预案并进行处理。

项目五　更换温度变送器操作

1　项目简介

当温度变送器出现故障时，须更换检定合格的温度变送器，保证温度数据准确，为生产分析提供准确的温度资料。

2　操作前准备

2.1　劳保穿戴整齐

穿戴标准配置的劳保用品：安全帽帽壳、帽箍、顶带完好，后箍、下颚带调整松紧合适、固定可靠，女同志头发盘于帽内；工衣袖口、领口扣子扎紧；工鞋大小合适，鞋带绑扎松紧合适、不落地。

2.2　工具、用具准备

准备可燃气体检测仪、防爆对讲机、万用表、验漏壶、毛巾、防爆工具、防爆手电

(夜间携带)等，并保证对讲机和检测仪处于良好状态。

2.3　操作前的检查和确认

(1)记录更换前温度变送器温度数据。

(2)确认中控室上位机上该温度变送器处于维护状态。

(3)确认温度变送器已断电。

(4)确认接到了调控中心指令或调控中心同意操作。

3　操作步骤

(1)卸开温度变送器接线端子盖，抽出电源线、信号线，标示线序并进行绝缘处理。

(2)拆卸温度变送器。

(3)安装校检合格的温度变送器。

(4)将电源线和信号线按照线标分别接至对应的接线柱上，确认无误后拧紧接线端子盖。

(5)在中控室上位机上取消维护，对比确认温度显示正常。

(6)做好记录，收拾工具，清理现场。

4　操作要点

(1)拆下的电源信号线必须做绝缘处理。

(2)安装时按正、负极连接电源，并送电。

(3)压线螺母应旋紧以保证气密性。

(4)更换后应检查现场显示是否正常，中控室上位机显示与现场应一致。

5　安全注意事项

(1)卸松温度变送器，检查套管是否穿孔，防止套管穿孔气体刺出伤人。

(2)外壳应牢固接地，避免干扰。

6　突发事件应急处置

(1)现场出现火灾、爆炸时，应立即停止作业，妥善处理现场。

(2)如事件不可控制，应立即启动站场应急处置预案并进行处理。

项目六　双金属温度计拆卸操作

1　项目简介

双金属温度计利用了不同金属膨胀系数不同的原理。由于热膨胀系数不同，双金属片在测量温度时，两面的热胀冷缩程度不同，其弯曲程度发生改变，带动指针指向刻度盘上的读数，显示被测物质的温度。

若使用过程中出现数值显示不准确或校验到期，须拆卸温度计并送检定部门检定，确保示值测量准确。

2　操作前准备

2.1　劳保穿戴整齐

穿戴标准配置的劳保用品：安全帽帽壳、帽箍、顶带完好，后箍、下颚带调整松紧合适、固定可靠，女同志头发盘于帽内；工衣袖口、领口扣子扎紧；工鞋大小合适，鞋带绑扎松紧合适、不落地。

2.2 工具、用具准备

准备防爆对讲机、毛巾、防爆工具等，并保证对讲机处于良好状态。

2.3 操作前的检查和确认

(1)检查确认本体连接件无泄漏、损坏和腐蚀。

(2)检查确认周围环境不存在危险因素(如天然气泄漏)。

(3)确认接到了调控中心指令或调控中心同意操作。

3 操作步骤

(1)拧松活接头。

(2)将温度计从套管中取出。

4 操作要点

连接管道的仪表接头应用扳手固定住，以免松动。

5 安全注意事项

(1)确认工艺流程，在操作时不会影响正常生产，并与调控中心联系说明情况，得到同意后方可进行工作。

(2)拆下后，用干净的布或其他物品将管道上的仪表接口封盖住以免杂物落入。

(3)卸松温度计，检查套管是否穿孔，防止套管穿孔气体刺出伤人。

6 突发事件应急处置

(1)现场出现火灾、爆炸时，应立即停止作业，妥善处理现场。

(2)如事件不可控制，应立即启动站场应急处置预案并进行处理。

项目七 双金属温度计安装操作

1 项目简介

双金属温度计的安装，应注意有利于测温准确、安全可靠及维修方便，而且不影响设备运行和生产操作。

2 操作前准备

2.1 劳保穿戴整齐

穿戴标准配置的劳保用品：安全帽帽壳、帽箍、顶带完好，后箍、下颚带调整松紧合适、固定可靠，女同志头发盘于帽内；工衣袖口、领口扣子扎紧；工鞋大小合适，鞋带绑扎松紧合适、不落地。

2.2 工具、用具准备

准备防爆对讲机、毛巾、防爆工具等，并保证对讲机处于良好状态。

2.3 操作前的检查和确认

(1)检查本体连接件无泄漏、损坏和腐蚀。

(2)温度计所用表头的玻璃或其他透明材料应保持透明，不得有妨碍读数的缺陷或损伤。

(3)温度计上的刻线、数字及其他标志应完整、清晰、正确。

(4)确认接到了调控中心指令或调控中心同意操作。

3 操作步骤

(1)在温度计套内加入适宜的导热油。

(2)将温度计放入套内,旋紧。

4　操作要点

(1)安装双金属温度计时禁止拧表头。

(2)温度计面板应朝向操作者。

(3)若站控机或流量计算机上有该检测部位的温度远传数据,应对比两者的合理性。

(4)仪表应按照设计要求垂直安装,搬运装接时应避免振动和碰撞。

(5)仪表在测量温度时,禁止超过仪表测量温度范围。

(6)各部件装配要牢固,禁止有松动、锈蚀现象。

5　安全注意事项

(1)确认工艺流程,操作时不会影响正常生产,并与调控中心联系说明情况,得到同意后方可进行工作。

(2)确认周围环境不存在危险因素(如天然气泄漏),用防爆扳手操作。

(3)仪表在测量温度时,不得超过仪表测量温度范围。

(4)在测量黏度、腐蚀性较大介质和波动压力剧变时,应添加隔离装置和缓冲装置。

6　故障分析判断与处置

双金属温度计故障分析判断与处理见表3-3-3。

表3-3-3　双金属温度计故障分析判断与处理

故障	原因	处理方法
指示不正确	1. 双金属感温元件损坏; 2. 指针松动	1. 送检维修,更换感温元件; 2. 送检维修,紧固指针
表盘内进水	表盘密封不严,雨水渗漏进入表盘	1. 对表盘进行密封处理; 2. 安装遮雨罩

7　突发事件应急处置

(1)现场出现火灾、爆炸时,应立即停止作业,妥善处理现场。

(2)如事件不可控制,应立即启动井场应急处置预案并进行处理。

模块四 井口安全配套装置

井口安全配套装置主要由多功能辅助流程、井场安全逻辑联锁装置、电/液动执行机构组成。

项目一 多功能辅助流程

1 项目简介

丛式井场内增设多功能辅助流程，实现应急压井、环空补液、环空泄压等功能，降低环空带压井控风险和放空损耗。

2 结构及作用

2.1 辅助流程组成

井口环空放压辅助流程包括节流管汇、压井管汇、防喷管线、放喷管线等。多功能控制管汇是成功控制井涌、实施气井压井、加注环空保护液等作业的必需设备。其中节流管汇由节流阀、平板阀、汇流管、三通和压力表等部件组成，压井管汇由单流阀、平板阀、三通和压力表等组成。如图 3－4－1 所示。

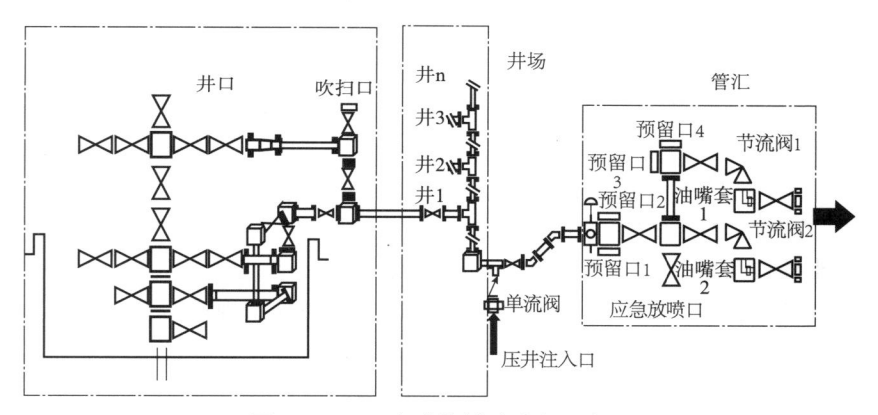

图 3－4－1 多功能辅助流程示意图

2.2 辅助流程作用

2.2.1 节流管汇

（1）对油套、技套、表套流体进行观测、适时放空作业，对油套环空进行加注环空保护液、氮气、柴油等作业。

（2）通过管汇的泄压作用，降低井口套管压力，保护油层套管。

（3）利用循环滑套，可替换井内被污染的井液。

（4）通过节流阀泄压，降低井口压力，实现"软关井"。

（5）起分流放喷作用，将溢流物引出井场，确保人员安全。

2.2.2 压井管汇

通过压井管汇往井筒里强行吊灌或顶入重压井液，实施压井作业。

3　操作规程

3.1　操作前准备

3.1.1　劳保穿戴整齐

穿戴标准配置的劳保用品：安全帽帽壳、帽箍、顶带完好，后箍、下颚带调整松紧合适、固定可靠，女同志头发盘于帽内；工衣袖口、领口扣子扎紧；工鞋大小合适，鞋带绑扎松紧合适、不落地。

3.1.2　工具、用具准备

准备可燃气体检测仪、防爆对讲机、防毒面具、验漏壶、毛巾、耳塞、警戒线等，并保证对讲机和检测仪处于良好状态。

3.2　操作前的检查和确认

（1）放空立管底座固定牢固，基座无塌陷。

（2）各类设备阀门运行操作灵活，密封性能好，使用状态良好。

（3）各类仪器、仪表运行正常，能准确检测和显示数据。

（4）通信设施畅通，工作状态稳定可靠。

（5）各类操作工具以及设备专用工具准备齐全、完好，摆放整齐。

（6）消防器材准备齐全、完好，摆放整齐。

（7）压井作业时井场的高压泵应与压井管汇其中一翼的单流阀连接。

3.3　操作步骤

3.3.1　节流泄放操作

节流压井管汇示意图如图 3 - 4 - 2 所示。

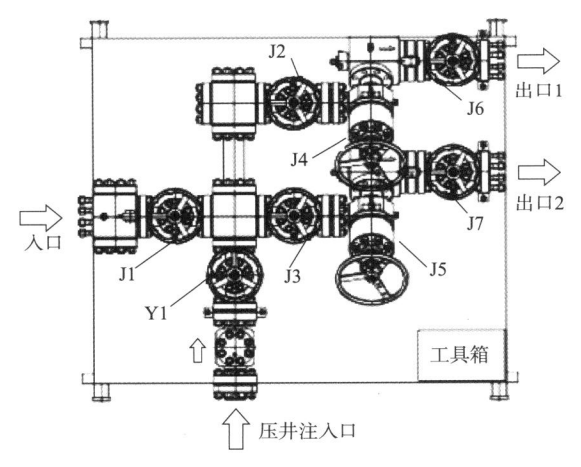

图 3 - 4 - 2　节流压井管汇示意图

辅助流程与采气树连接示意图如图 3 - 4 - 3 所示。

（1）关闭平板阀 Y1，节流阀 J3、J5、J7。

（2）打开阀 F2 或 F3，按先后顺序打开平板阀 J4、J6，形成节流通道后（也可以选择另外一翼为通道，视现场情况选择），打开平板阀 J1，通过节流阀 J2 起到泄压降低井口压力的作用。

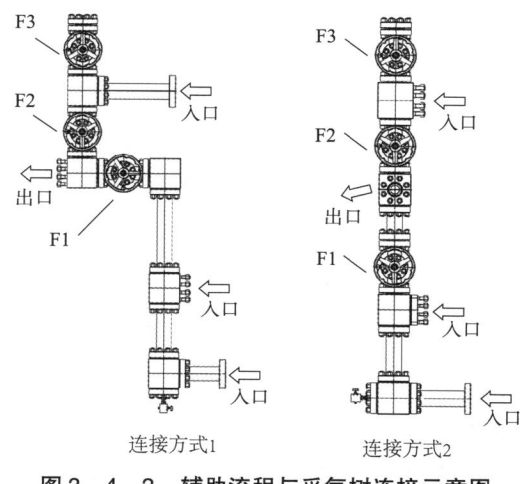

连接方式1　　　　连接方式2

图 3 - 4 - 3　辅助流程与采气树连接示意图

3.3.2　压井作业操作

(1)关闭阀 J2、J3、J4、J5、J6、J7。

(2)打开平板阀 J1、Y1 及 F1 或 F2。

(3)启动高压泵,泵入压井液。

3.4　操作注意事项

3.4.1　平板阀操作注意事项

(1)阀板是沿通道中心线垂直方向进行直线移动的关闭件,只起切断通道和开放通道的作用,阀门禁止在阀板处于半开半关状态下工作。

(2)手轮开(或关)到位消除间隙后必须回转 1/4 ~ 1/2 圈。

(3)阀杆升降螺纹采用左旋梯形螺纹,顺时针方向为关,逆时针方向为开。

3.4.2　节流阀操作注意事项

(1)操作节流阀时,顺时针旋转手轮开启度变小并趋于关闭,逆时针旋转手轮开启度变大。

(2)可调式孔板节流阀安装前应检查中法兰螺母是否松动,并检查两法兰的端距,应符合标准规定。

(3)在旋转手轮快到行程终点时,不可太快,以免损伤阀杆和限位帽。

(4)节流阀只能用来控制压力和流量,绝不能用于截止密封。

3.4.3　单流阀操作注意事项

(1)单流阀是一种在水平管线中安装使用的自洁式单流阀,安装时,阀上箭头所指为流体流动方向。

(2)做完压井工作后须用清水清洗和维修,重新进行压力密封试验。

3.5　安全注意事项

(1)节流管汇必须安装压力表,并且要求压力表面对操作者,便于观察压力值。

(2)必须检查压力表是否归零,校验时间是否在有效期内。

(3)根据现场情况安排警戒人员。

（4）因特殊作业进行放空时，200m 范围内严禁有行人和明火。

（5）放空噪声过大应做好防护，避免造成人身伤害。

4　维护与维修

4.1　正常使用中的检查项目

（1）定期检查管汇上的压力表显示，并做好记录。

（2）定期检查管汇本体连接螺栓松紧程度和完好情况，检查各处连接是否存在漏气情况。

（3）定期检查平板阀是否存在外漏现象，按照有关操作规程，分期检查每套平板阀的开关性能，对阀门轴承座上的油杯加黄油，保证轴承转动灵活。

（4）阀门可按照以下月度和季度保养项目进行保养（或者参照相关阀门说明书的要求定期进行保养），如表面油漆脱落应重新涂漆。

4.2　月度定期保养项目

（1）包括正常使用中的检查项目。

（2）对平板阀门的腔体补充密封脂，将阀门腔体中的水尽量排尽，保证密封效果。

（3）清理节流压井管汇的油污。

4.3　季度定期保养项目

（1）包括月度定期保养内容。

（2）检查节流压井管汇的阀门密封件，对失效密封件进行更换，保证密封效果。

（3）定期检查管汇件上的裸露螺纹，应涂上防锈油，并套上相应的螺纹保护套，防止生锈或损坏。

5　突发事件应急处置

（1）现场出现火灾、爆炸时，应立即停止作业，妥善处理现场。

（2）如事件不可控，应立即启动井控应急处置预案并进行处理。

项目二　井场安全逻辑联锁装置

1　项目简介

基本过程控制系统（BPCS）作为管道数据采集与监视控制（SCADA）系统的现场控制单元，除了完成对所处站场的监控任务，还负责将有关信息传送给调度控制中心，并接收和执行其下达的命令。

2　基本过程控制系统

丛式井场采用 BPCS 对丛式井场内工艺变量及设备运行状态进行数据采集，对关键工艺参数、可燃气体信号进行报警。BPCS 通过网络与 SCADA 系统控制中心进行数据通信。BPCS 包括 CPU 模板、电源模块、通信模块、机架、I/O 模块及 PLC 内部网络等。I/O 模块依据 I/O 统计表配置。CPU 模块、电源模块、通信模块、PLC 内部网络及机架均需冗余。

3　井场安全联锁逻辑

3.1　现场急停关断

（1）触发条件：按下急停按钮。

（2）动作阀门：进站 ESD，单井井口 ESD，井口控制柜联动地面、井下安全阀关断。

3.2 压降速率联锁关断

3.2.1 进站管线触发条件及动作阀门

（1）触发条件：进站汇管压降速率超过 0.15MPa/min。

（2）动作阀门：进站 ESD 电液联动阀关断。

3.2.2 单井管线触发条件及动作阀门

（1）触发条件：单井管线压降速率超过 0.15MPa/min。

（2）动作阀门：进站 ESD 电液联动阀关断，对应单井井口 ESD 关断。

3.2.3 差压联锁关断

（1）触发条件：注气管线单流阀上游管线压力与下游管线压差（下游 − 上游）超过 1MPa。

（2）动作阀门：进站 ESD 电液联动阀关断，对应单井井口 ESD 关断。

3.2.4 远程下发 ESD 指令关断

（1）触发条件：调控中心下发远程 ESD 指令。

（2）动作阀门：进站 ESD，单井井口 ESD，井口控制柜联动地面、井下安全阀关断。

3.2.5 采气高压关断

（1）触发条件：当安全联锁系统（SIS）处于采气模式时，汇管压力超过设定值。

（2）动作阀门：进站 ESD 电液联动阀关断。

项目三　Rotork 电动执行机构操作与维护

1　项目简介

Rotork 电动执行机构基本功能是完成对阀门的开、关操作和阀门开度调节操作。执行机构操作有手动和自动两种方式，其中自动方式分就地控制和远程控制。根据现场管理和安全的需要，可以用挂锁锁定在就地/停止/远程的其中一个位置。

2　操作前准备

2.1　劳保穿戴整齐

穿戴标准配置的劳保用品：安全帽帽壳、帽箍、顶带完好，后箍、下颚带调整松紧合适、固定可靠，女同志头发盘于帽内；工衣袖口、领口扣子扎紧；工鞋大小合适，鞋带绑扎松紧合适、不落地。

2.2　工具、用具准备

准备可燃气体检测仪、防爆对讲机、防毒面具、验漏壶、毛巾、防爆工具、防爆手电（夜间携带）等，并保证对讲机和检测仪处于良好的状态。

2.3　操作前的检查和确认

（1）操作阀门前应认真阅读操作说明。

（2）操作前应清楚气体的流向，检查确认阀门开闭标志。

（3）发现异常问题应及时处理，禁止带故障操作。

（4）确认接到了调控中心指令或调控中心同意操作。

3 操作步骤

3.1 现场手动开阀操作

（1）将红色旋钮打到就地位置，然后将手动/自动选择柄压到底。

（2）挂上离合器。

（3）松开手柄，然后逆时针旋转手轮开阀。如图 3 - 4 - 4 所示。

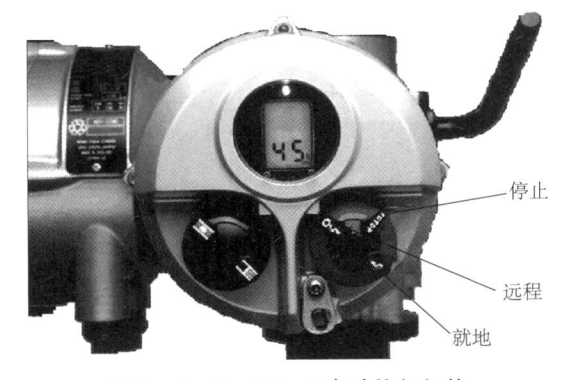

图 3 - 4 - 4 Rotork 电动执行机构

操作要点：

（1）旋转手轮（2~3 个行程）看阀位有 1% 左右变化，感觉手轮受力，可确认挂上离合器。

（2）通过执行器液晶显示器观察阀门开关状态，直至阀门顶端阀位指示器箭头指向全开标记"Open（开）"。

3.2 现场手动关阀操作

（1）将红色旋钮打到就地位置，然后将手动/自动选择柄压到底。

（2）挂上离合器。

（3）松开手柄，然后顺时针旋转手轮关阀。

操作要点：

（1）旋转手轮（2~3 个行程）看阀位有 1% 左右变化，感觉手轮受力，可确认挂上离合器。

（2）通过执行器液晶显示器观察阀门开关状态，直至阀门顶端阀位指示器箭头指向全关标记"Closed（关）"。

3.3 现场电动开阀操作

（1）确认电源正常，电源指示灯常亮。

（2）旋转执行器红色旋钮使就地标记与壳体上的"▲"标记正对。

（3）顺时针旋转执行器黑色旋钮，使开阀标记与壳体上的"▲"标记正对，即实现现场电动开阀操作。

操作要点：

（1）在开阀的进程中液晶显示器显示开度的百分比，全开后液晶显示器显示"Open limit"，红色指示灯亮，阀门自动停止动作。

（2）特殊情况下，开阀操作过程中如需停止开阀，可将执行器红色旋钮上的停止标记"Stop"与壳体上的"▲"标记正对，执行器停止动作。此时液晶显示器上黄色指示灯亮，并显示开度的百分比。

3.4　现场电动关阀操作

(1)确认电源正常,电源指示灯常亮。

(2)旋转执行器红色旋钮使就地标记与壳体上的"▲"标记正对。

(3)逆时针旋转执行器黑色旋钮,使关阀标记与壳体上的"▲"标记正对,即实现现场电动关阀操作。

操作要点:

(1)在关阀的进程中液晶显示器显示开度的百分比,全关后液晶显示器显示"Closed limit",绿色指示灯亮,阀门自动停止动作。

(2)特殊情况下,关阀操作过程中如需停止关阀,可将执行器红色旋钮上的停止标记"Stop"与壳体上的"▲"标记正对,执行器停止动作。此时液晶显示器上黄色指示灯亮,并显示开度的百分比。

3.5　远程开阀操作

(1)鼠标左键单击阀门图标,调出阀体控制面板。

(2)先单击"开阀"按钮,再单击"执行"按钮,即实现开阀操作。如图3-4-5所示。

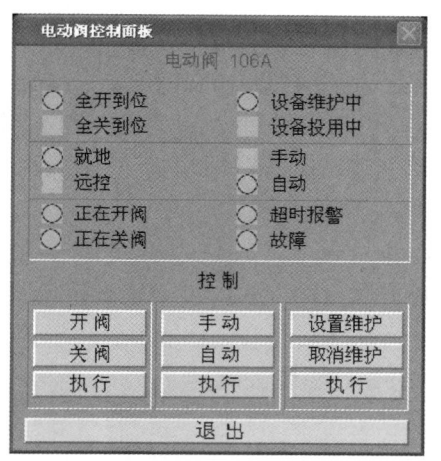

图3-4-5　阀体控制面板

操作要点:

(1)开阀前提条件。阀门处于全关到位、设备投用中、远控、手动、无超时报警、无故障状态。

(2)阀门在开阀过程中"正在开阀"指示灯变绿。阀门到达全开到位,则"全开到位"状态指示灯变绿色;现场阀门没有到达全开到位,则"超时报警"状态指示灯变红色,操作员在控制画面上点击"综合复位按钮",对"超时报警"进行复位。

3.6　远程关阀操作

(1)鼠标左键单击阀门图标,调出阀体控制面板。

(2)先单击"关阀"按钮,再单击"执行"按钮,即实现关阀操作。

操作要点:

(1)关阀前提条件。阀门处于全开到位、设备投用中、远控、手动、无超时报警、无故障状态。

（2）阀门在关阀过程中"正在关阀"指示灯变绿；阀门到达全关到位，则"全关到位"状态指示灯变绿色；现场阀门没有到达全关到位，则"超时报警"状态指示灯变红色，操作员在控制画面上点击"综合复位按钮"，对"超时报警"进行复位。

4　安全注意事项

（1）拆卸/更换电池时应确认周围安全条件，并建议在主电源接通的情况下更换，否则将丢失以前的设定记录。

（2）在日常运行检查中应留意检查开、关阀门行程中力矩的变化和阀位指示，以掌握设备运行工况，为维护检修提供依据。

（3）检修时，关闭该阀门后，为防止中控室及现场误操作，应将该阀门打到停止状态。

5　检查与维护

5.1　日检查内容

（1）检查电动执行机构的开关状态是否与工艺流程一致。

（2）检查电动执行机构的机械开度指示与液晶显示开度是否一致。

（3）检查电动执行机构液晶显示屏是否有报警。

（4）检查电动执行机构是否有漏油现象。

（5）检查电动执行机构接地线是否松动、锈蚀。

5.2　月检查内容

（1）对日检查的内容进行全面检查。

（2）检查电池是否馈电。

（3）检查执行机构的外壳和各连接处是否有损坏、松动或紧固件丢失。

（4）检查执行机构各部位紧固螺栓是否松动。

（5）检查执行机构表壳内是否进水或存在雾气现象。

6　故障分析判断与处理

Rotork 电动执行机构故障分析判断与处理见表 3 – 4 – 1。

表 3 – 4 – 1　Rotork 电动执行机构故障分析判断与处理

可能故障	原因	处理方法及注意事项
电动操作时执行机构不动作	1. 动力电源未接通； 2. 动力电源缺相； 3. 执行器操作方向不正确； 4. 阀门有卡死现象	1. 重新投上电源开关； 2. 检查有无断路现象； 3. 确认操作方向，重新操作； 4. 现场手动开关阀门，确认阀门有无卡死现象
执行机构通电后远程控制无效	1. 就地/远程切换开关是否打到正确位置； 2. 控制信号线有虚接或断路现象； 3. 站控系统未输出远程控制信号（如 PLC 通道故障）	1. 切换开关，打到远程位置； 2. 按图纸检查接线情况，必要时校线； 3. 更换通道或更换卡件
执行机构只能开阀或者关阀	1. 执行器方向设置不正确； 2. 主控板逻辑错误	1. 重新设置参数； 2. 更换主板或更换电源板组件

续表

可能故障	原因	处理方法及注意事项
执行机构通电后没有显示或显示不正常	1. 主控制板电源线连接异常； 2. 显示部分数据线连接异常； 3. 主控制板故障	1. 正确接控制板电源线； 2. 正确接显示数据线； 3. 检查更换主板
执行机构通电后在没有指令的情况下就动作	1. 主板故障； 2. 执行机构内控制线路有短接	1. 检查更换主板； 2. 检查控制线路

7 突发事件应急处置

(1)现场出现火灾、爆炸时，应立即停止作业，妥善处理现场。

(2)如事件不可控制，应立即启动站场应急处置预案并进行处理。

项目四 Fahlke Sehaz 型电液联动执行机构操作与维护

1 项目简介

Fahlke Sehaz(单作用)型电液联动执行机构由弹簧缸、单向阀、安全阀、压力表、电磁阀、储能罐、手动泵、调速阀、电机、液压泵、拨叉机构、电控单元等部件组成，通过上述部件完成各项控制功能及安全保护功能。

2 操作前准备

2.1 劳保穿戴整齐

穿戴标准配置的劳保用品：安全帽帽壳、帽箍、顶带完好，后箍、下颚带调整松紧合适、固定可靠，女同志头发盘于帽内；工衣袖口、领口扣子扎紧；工鞋大小合适，鞋带绑扎松紧合适、不落地。

2.2 工具、用具准备

准备可燃气体检测仪、防爆对讲机、防毒面具、验漏壶、毛巾、防爆工具、防爆手电(夜间携带)等，并保证对讲机和检测仪处于良好状态。

2.3 操作前的检查和确认

(1)检查确认阀门开关状态与中控室一致。

(2)检查确认380V AC 动力电源、仪表电供电正常。

(3)检查确认执行器各连接点无松动、无泄漏，液压管、截止阀完好，无泄漏、无振动、无腐蚀。

(4)检查确认液压系统工作压力在正常范围内，高压和低压之间相差15bar 左右。

(5)检查确认机柜间运行正常，远控端无报警信息。

(6)检查确认系统压力表在正常工作压力范围 90~140bar。

(7)确认接到了调控中心指令或调控中心同意操作。

3 操作步骤

3.1 本地操作

(1)开阀。24V DC 供电正常且 ESD 电磁阀现场复位，阀门自动打开。

（2）关阀。若24V DC供电正常，将本地操作旋钮旋转"9点"或"6点"方向按下锁定，主阀门关闭。如图3-4-6所示。

图3-4-6 本地操作旋钮

4 操作要点

（1）本地操作时，此执行机构型号为SEHAZ-SR型，指的是在UPS机柜间没有24V DC供电情况下，自动关闭阀门且始终保持关闭位置。

（2）如需打开阀门，必须使24V DC（控制电与ESD电磁阀）供电正常且ESD电磁阀现场复位。复位时，24V DC供电正常后，现场将ESD电磁阀保护帽拧下，拔一下ESD电磁阀手柄即可。

5 安全注意事项

（1）若24V DC（控制电与ESD电磁阀）任一断电，阀门关闭。

（2）旋钮"6点"位置为停用状态，按下锁定后电机停止打压，阀门自动关闭，站控系统报警。旋钮在弹出可以自由转动状态时，为远控蓄能状态。

6 异常处置

（1）本地操作时给定关阀命令，执行机构无动作的处理。

可通过限位指示器合机械阀位查看执行机构状态，确定是开位还是关位。

（2）本地操作时供电均正常，执行机构不执行开阀动作的处理。

①通过限位指示器合机械阀位查看执行机构状态，确定是开位还是关位。

②通过左侧液压表查看液压系统压力值，压力低或压力为0会导致执行机构输入扭矩无法推动阀门动作。

③查看本地开电磁手动柄是否被推上来。如没有动作说明仪表常供电有问题或开电磁阀出现故障。

④确认ESD是否复位，将ESD复位按钮拔一下。

（3）本地操作时380V AC供电后，电机不启动，压力不上升的处理。

①检查本地/远程操作旋钮是否为弹出状态，若锁定在"6点"方向，电机不启动。

②用万用表测量外供电是否正常。

③检查电控箱内16A断路器是否跳闸。

7 电液执行机构检查维护

7.1 设置开、关到位反馈信号（图3-4-7）

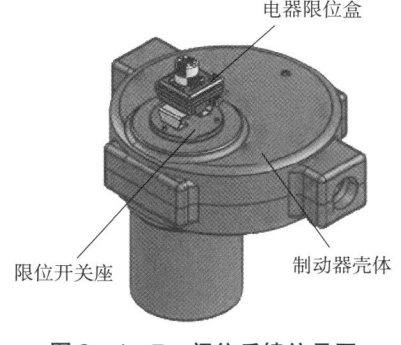

图3-4-7 阀位反馈信号图

（1）开到位信号。当开到位后，触板触动限位开关弹簧片，输出开到位信号，可调节触板位置来调节信号。注意保证触板凸轮在关阀过程中脱离开到位限位开关弹簧片。

（2）关到位信号。当关到位后，触板触动限位开关弹簧片，输出关到位信号，可调节触板位置来调节信号。注意保证触板凸轮在开阀过程中脱离关到位限位开关弹簧片。如图3-4-8所示。

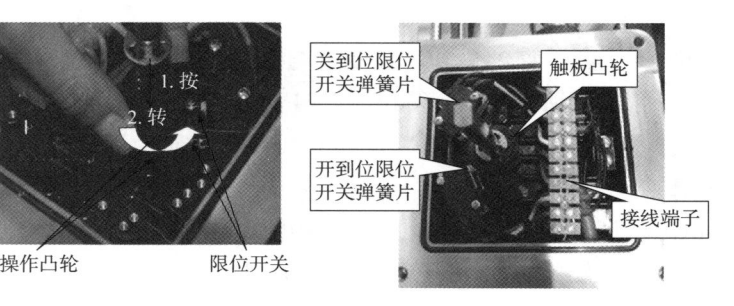

图3-4-8　调节信号图

7.2　注油操作说明

（1）该Fahlke Sehaz执行机构和控制单元需要适当的油，以保证准确。

（2）油的种类可以在铭牌或文档中查看。所需要的油量取决于执行机构的类型和液压缸的大小。执行机构注油量按技术参数要求，由专业技术人员完成（在执行机构系统压力为0，油箱空时）。

7.3　注油方法

可通过漏斗或手动泵注油两种方法注油。

（1）通过漏斗注油。将注油口堵头卸下，用漏斗插入孔中进行注油，注油后恢复。

（2）通过手动泵注油。将注油管插入注油口，用手动泵进行注油，注油后恢复。

8　故障分析判断与处理

Fahlke Sehaz（单作用）型电液联动执行机构故障分析判断与处理见表3-4-2。

表3-4-2　Fahlke Sehaz（单作用）型电液联动执行机构故障分析判断与处理

常见问题	可能原因	解决方法
执行机构运行不稳定或爬升	执行机构缺油或液压缸内有气体	反复开关阀门排出气体，填充液压油
执行机构动作过慢	1. 使用不正确的液压油、系统管路堵塞、过滤器滤网有污物、调试不当； 2. 速度控制阀开度小； 3. 阀门或执行机构扭矩过大	1. 更换正确液压油； 2. 检查过滤元件及管件，排出杂物； 3. 调节调速阀开度； 4. 清洗阀门或执行机构
执行机构不动作	1. 系统工作压力低或阀门扭矩过大； 2. 阀门卡滞； 3. 调速阀没有打开； 4. 气路堵塞	1. 检查系统压力，用手动泵操作测试； 2. 润滑阀门； 3. 调速阀开到合适开度

常见问题	可能原因	解决方法
手动泵操作不动作	1. 缺液压油； 2. 手动泵故障； 3. 液路切换阀不正确； 4. 执行机构内漏	1. 检查油位； 2. 排查手动泵； 3. 检查执行机构
管路漏油	1. 卡套接头损坏； 2. 卡套螺母没有拧紧	1. 泄压后，更换卡套接头； 2. 泄压后，拧紧卡套螺母
远控阀门不动作	1. 远控命令接线错误； 2. 远控命令配电输出有问题； 3. 系统编程有问题； 4. 无蓄能压力或电源故障	1. 检查控制电缆连接； 2. 检查是否有 24V DC 电压输出； 3. 检查编程系统； 4. 供电建立系统工作压力

9　突发事件应急处置

（1）现场出现火灾、爆炸时，应立即停止作业，妥善处理现场。

（2）如事件不可控制，应立即启动站场应急处置预案并进行处理。

项目五　Emerson 电液执行机构操作与维护

1　项目简介

Emerson 电液执行机构由电控柜（PLC 及其辅助部件）、液压站及执行机构等部件构成。

2　操作前准备

2.1　劳保穿戴整齐

穿戴标准配置的劳保用品：安全帽帽壳、帽箍、顶带完好，后箍、下颚带调整松紧合适、固定可靠，女同志头发盘于帽内；工衣袖口、领口扣子扎紧；工鞋大小合适，鞋带绑扎松紧合适、不落地。

2.2　工具、用具准备

准备可燃气体检测仪、防爆对讲机、防毒面具、验漏壶、毛巾、防爆工具、防爆手电（夜间携带）等，并保证对讲机和检测仪处于良好状态。

2.3　操作前的检查和确认

（1）检查确认阀门开关状态与中控室一致。

（2）检查确认 380V AC 供电动力电源正常。

（3）检查确认执行器各连接点无松动、无泄漏，液压管、截止阀完好，无泄漏、无振动、无腐蚀。

（4）液位在高液位标志和低液位标志之间。

（5）滤油器堵塞指示器显示绿色。

（6）检查确认机柜间运行正常，远控端无报警信息，无联锁保护停泵符号。

（7）确认接到了调控中心指令或调控中心同意操作。

3　操作步骤

3.1　阀门手动操作

（1）条件。阀门手动操作是在动力电源丢失且蓄能器无压或控制电源丢失的情况下，采用手动方法控制阀门动作。

（2）操作。先将手动换向阀切换到"MANUAL"位，再操作手动泵，对应手动泵上OPEN/CLOSE，上下压动手柄，控制执行机构驱动阀门打开和关闭。

3.2　阀门 ESD 控制

ESD 信号为优先级信号。远控发出 ESD 开关量（保持型）信号时，电磁阀失电，对应阀门紧急关闭，本地控制面板 ESD 指示灯亮。

4　操作要点

（1）PLC 控制器通过压力开关低压发讯点、高压发讯点，PLC 输出控制信号控制电机–泵组合启动、停止。

（2）PLC 控制器通过压力开关超低压发讯点，PLC 输出报警信号。

（3）本地操作时必须收到远控发出的"本地允许"命令，否则操作无效。

（4）当"ESD"信号取消时，必须在本地控制柜上操作"ESD"复位，"ESD"指示灯灭，方可做其他操作，否则液压站仍在"ESD"状态。

5　安全注意事项

当执行"ESD"关断时，无论选择开关置于远程控制，还是就地控制状态，都能使阀门关断。

6　突发事件应急处置

（1）现场出现火灾、爆炸时，应立即停止作业，妥善处理现场。

（2）如事件不可控制，应立即启动站场应急处置预案并进行处理。

项目六　Bettis 自力式液压紧急关断系统操作

1　项目简介

Bettis 自力式液压紧急关断（简称 ESD）系统用于在紧急情况下自动关断井口设备或主流管道上的闸板阀。此系统包括液压执行机构、手动液压泵、控制组件和一个反向闸阀。此系统可以通过几种关断方式进行工作，最常见的是采用压力先导阀来感应管道压力，当管道压力超过或低于指定控制范围时进行工作。

2　操作前准备

2.1　劳保穿戴整齐

穿戴标准配置的劳保用品：安全帽帽壳、帽箍、顶带完好，后箍、下颚带调整松紧合适、固定可靠，女同志头发盘于帽内；工衣袖口、领口扣子扎紧；工鞋大小合适，鞋带绑扎松紧合适、不落地。

2.2　工具、用具准备

准备可燃气体检测仪、防爆对讲机、防毒面具、验漏壶、毛巾、防爆工具、防爆手电（夜间携带）等，并保证对讲机和检测仪处于良好状态。

2.3　操作前的检查和确认

（1）检查确认阀门开关状态与中控室一致。

（2）检查确认执行器各连接点无松动、无泄漏，液压管、截止阀完好，无泄漏、无振动、无腐蚀。

（3）检查液压油油缸液位，阀门开启时应在液位计红线以上，阀门关闭时应在液位计绿线左右。

（4）检查确认取压阀已打开。

（5）检查确认机柜间运行正常，远控端无报警信息。

（6）确认接到了调控中心指令或调控中心同意操作。

3　操作步骤

3.1　手动开阀

（1）拉起转换开关至水平锁定位置（latched）。

（2）操作手泵开启阀门。

3.2　手动关阀

手动关闭阀门，可以通过解除转换开关并按压。

3.3　自动模式

在手动开启阀门后，低压压力达到90~100psi，转换开关自动转换至解除锁定位置（armed），阀门进入自动状态。

4　操作要点

（1）手动开启阀门时，注意观察高压回路压力表读数。首次操作阀门时，继续操作手泵，使压力表读数增加10%左右（1000psi）。

（2）自动关断的几种触发条件：

①电磁阀掉电（远程ESD触发）。

②高低压检测阀触发（以现场实际生产工况确定）。

③易熔塞过热，温度高于123.3℃。

5　安全注意事项

（1）环境温度变化时，注意观察高压回路压力表读数，以防阀门误关断。

（2）阀门自动关断，须查明原因，排除故障后方可开阀，以防发生安全事故。

6　突发事件应急处置

（1）现场出现火灾、爆炸时，应立即停止作业，妥善处理现场。

（2）如事件不可控，应立即启动站场应急处置预案并进行处理。

项目七　Stream－Flo皇冠自力式液压紧急关断系统操作

1　项目简介

Stream－Flo皇冠自力式液压紧急关断（简称ESD）系统用于在紧急情况下自动关断井口设备或主流管道上的闸板阀。此系统包括液压执行机构、手动液压泵、控制组件和一个反向闸阀。此系统可以通过几种关断方式进行工作。最常见的是采用压力先导阀来感应管道压力，当管道压力超过或低于指定控制范围时工作。

2　操作前准备

2.1　劳保穿戴整齐

穿戴标准配置的劳保用品：安全帽帽壳、帽箍、顶带完好，后箍、下颚带调整松紧合适、固定可靠，女同志头发盘于帽内；工衣袖口、领口扣子扎紧；工鞋大小合适，鞋带绑扎松紧合适、不落地。

2.2 工具、用具准备

准备可燃气体检测仪、防爆对讲机、防毒面具、验漏壶、毛巾、防爆工具、防爆手电(夜间携带)等,并保证对讲机和检测仪处于良好状态。

2.3 操作前的检查和确认

(1)检查确认阀门开关状态与中控室一致。

(2)检查确认执行器各连接点无松动、无泄漏,液压管、截止阀完好,无泄漏、无振动、无腐蚀。

(3)检查确认取压阀已打开。

(4)检查确认机柜间运行正常,远控端有无报警信息。

(5)确认接到了调控中心指令或调控中心同意操作。

3 操作步骤

3.1 手动模式

(1)操作超迟阀手柄使其处于水平状态。

(2)操作过程中超迟阀弹回,处于45°状态。

(3)操作打压泵直至阀门打开。

3.2 自动模式

在手动开启阀门后,超迟阀自动转换至解除锁定位置(armed),阀门进入自动状态。

4 操作要点

(1)介质压力在稳压先导阀的设定范围之内。

(2)电磁阀带电并处于截止状态。

(3)自动关断的几种触发条件:

①远程电磁阀断电。

②就地按下超迟阀手柄并处于垂直状态。

③感应介质压力超过正常范围(以现场实际生产工况确定)。

④温度高于123.3℃,易熔塞熔断。

5 安全注意事项

(1)手泵开启阀门,操作杆压不动时,严禁继续操作手泵。

(2)阀门自动关断,须查明原因,并排除故障后方可开阀,以防发生安全事故。

6 突发事件应急处置

(1)现场出现火灾、爆炸时,应立即停止作业,妥善处理现场。

(2)如事件不可控,应立即启动站场应急处置预案并进行处理。

项目八 NS 紧急截断系统操作与维护

1 项目简介

NS 紧急截断系统为液压控制系统。液压控制系统为整个控制系统提供达到 ISO 4406(ANSI 1638)技术规范要求的洁净液压源,控制油路封闭循环,无外泄等环境污染状况。液压系统设置储油箱、过滤器、蓄能器、过压保护及必要的压力、液位指示仪表等元器件,液压系统由手动泵打压,提供液压管线压力。

1.1　主要特点

(1)系统设有高压及低压蓄能器,用于补偿系统微量泄漏和温度变化引起的热胀冷缩。

(2)油路上配有过滤器,保证液压油清洁。

(3)系统主回路及先导回路均设有溢流装置,用于防止系统压力过高。

(4)配置常态工作电流750mA的高端内置多通道SPD(防浪涌保护器),以在雷击等极端险情发生时保护所有电气设备。

1.2　主要功能

(1)就地手动开阀和关阀。

(2)远程手动或自动关阀。

(3)管线压力异常(超压或失压)自动关阀。

(4)火灾自动关阀。

2　操作前准备

2.1　劳保穿戴整齐

穿戴标准配置的劳保用品:安全帽帽壳、帽箍、顶带完好,后箍、下颚带调整松紧合适、固定可靠,女同志头发盘于帽内;工衣袖口、领口扣子扎紧;工鞋大小合适,鞋带绑扎松紧合适、不落地。

2.2　工具、用具准备

准备可燃气体检测仪、防爆对讲机、防毒面具、验漏壶、毛巾、防爆工具、防爆手电(夜间携带)等,并保证对讲机和检测仪处于良好状态。

2.3　操作前的检查和确认

(1)检查确认阀门开关状态与中控室一致。

(2)检查确认执行器各连接点无松动、无泄漏,液压管、截止阀完好,无泄漏、无振动、无腐蚀。

(3)检查确认油箱泄放堵头已堵死,打开加油口呼吸阀,液压油加至液位计Min处以上。

(4)检查确认ESD阀处于工作状态(红色手柄处于按入状态)。

(5)检查确认:若管线压力处于警戒范围以外(低于最低设定压力),高低压传感器处于隔离状态;若管线压力处于警戒范围以内(介于最低设定压力和最高设定压力之间),高低压传感器处于开启状态。

(6)电磁阀上电,按压电磁阀上红色手动复位按钮。

(7)确认接到了调控中心指令或调控中心同意操作。

3　操作步骤

3.1　手动开阀操作

(1)确保手柄处于Step1状态,摇动手动泵,待压力表2读数为110psi左右时,逆时针旋转手柄至Step2状态。

(2)继续摇动手动泵,直至压力表1读数为1500～1900psi。

3.2　手动ESD关阀操作

向外拉动ESD红色手柄。

3.3 远程关阀及远程自动关阀操作

使电磁阀失电。

3.4 管线压力异常(压力过高或过低)自动关阀操作

(1)首先确保高低压传感器处于开启状态,并保证高低压传感器取压压力介于最高设定压力与最低设定压力之间。

(2)高压关阀。缓慢提高管线(取压口)压力至高压设定值,阀门自动关闭。

(3)低压关阀。缓慢降低管线(取压口)压力至最低设定值,阀门自动关闭。

3.5 火灾自动关阀操作

此操作为破坏性操作,须对易熔阀加温至120℃,阀门自动关闭(易熔阀易熔材料熔化)。

4 操作要点

(1)重新开阀前,必须按下电磁阀手动复位按钮。

(2)ESDV控制压力(液压驱动)。最高控制压力为2500psi(绿区,工作压力建议在1500~1900psi)。

(3)先导回路控制压力。最高控制压力135psi(绿区,工作压力建议在110~120psi)。

(4)ESDV控制回路溢流设定值2500psi。

(5)先导回路溢流设定值135psi。

(6)ESDV控制回路蓄能器预充氮气压力1500psi。

(7)先导回路蓄能器预充氮气压力90psi。

(8)控制系统适用温度范围在-29~80℃。

5 安全注意事项

(1)手泵开启阀门,操作杆压不动时,严禁继续操作手泵。

(2)阀门自动关断须查明原因,排除故障后方可开阀,以防发生安全事故。

6 设备维护

6.1 蓄能器

(1)蓄能器对系统压力稳定起到重要作用,该控制系统含两个蓄能器,分别为高压蓄能器和低压蓄能器。

(2)检测周期。利用配备的蓄能器充气工具对高压蓄能器和低压蓄能器每年进行一次气压检测,高压蓄能器(蓄能1500psi)和低压蓄能器(蓄能90psi),当检测压力值低于标准预充气压20%时,需要使用充气工具配合氮气瓶向蓄能器补充气压至标准值。

(3)补充气压时必须使用纯净氮气对蓄能器预充气,否则将可能危及设备及人身安全。

(4)补充气压操作。

①从蓄能器上取下保护盖,将充气工具上的充气阀连接到蓄能器气体预充口并拧紧,通过充气工具上的内六角转轴操作螺塞。

②关闭充气工具排气阀,在确认排气阀完全关闭后再进行其他操作。

③逆时针旋转充气工具上的手柄旋钮,推动并打开螺塞。

④缓慢打开氮气瓶截止阀充气,当充气压力达到22psi以上时,完全打开氮气瓶截止阀充气至规定压力。

⑤顺时针旋转充气工具上的手柄旋钮,关闭螺塞。

⑥打开充气工具排气阀,将工具气管内的氮气排出。

⑦检漏合格后装回保护盖。

6.2　液压油

系统液压油每年更换一次。

6.3　管接头

由于长时间热胀冷缩及长期振动可能导致部分接头处产生微泄漏，平时巡检时应注意观察接头处是否有油滴出现，如有应做好标记，统一进行紧固处理。

7　故障及处理

7.1　系统压力难以建立

(1)检查 ESD 阀红色手柄是否处于按入状态。

(2)检查操作步骤是否按照开阀步骤执行。

(3)检查电磁阀手动复位按钮是否按下。

7.2　系统压力不足或压降明显

(1)检查各接头是否有泄漏。

(2)检查蓄能器气压状态。

7.3　远程阀位无信号显示

检查接近开关感应距离是否大于 3mm。

8　突发事件应急处置

(1)现场出现火灾、爆炸时，应立即停止作业，妥善处理现场。

(2)如事件不可控制，应立即启动井场应急处置预案并进行处理。

项目九　中寰气液联动执行机构操作与维护

1　项目简介

中寰气液联动执行机构的基本功能是爆管时紧急驱动阀门自动切断和人为开、关阀，其中人为开、关阀操作分远程操作、就地手动液压操作和就地气动操作三种方式。中寰气液联动执行机构主要由 LBP 电子控制单元、气液罐、储气罐、油缸、拨叉机构、手动液压泵、方向控制阀、紧急自动关断电磁阀、远程开关电磁阀、复位锁定阀和手动复位阀等部件组成。

2　操作前准备

2.1　劳保穿戴整齐

穿戴标准配置的劳保用品：安全帽帽壳、帽箍、顶带完好，后箍、下颚带调整松紧合适、固定可靠，女同志头发盘于帽内；工衣袖口、领口扣子扎紧；工鞋大小合适，鞋带绑扎松紧合适、不落地。

2.2　工具、用具准备

准备可燃气体检测仪、防爆对讲机、防毒面具、验漏壶、毛巾、防爆工具、防爆手电（夜间携带）等，并保证对讲机和检测仪处于良好状态。

2.3　操作前的检查和确认

(1)检查确认阀门开关状态与中控室一致。

(2)检查确认执行器各连接点无松动、无泄漏，液压管、截止阀完好，无泄漏、无振动、无腐蚀。

（3）检查确认储油罐底部无凝液积存，动力气罐压力与管道压力基本相同，连接处无松动现象，各指示仪表工作正常且在运行范围内，蓄电池工作正常。

（4）确认接到了调控中心指令或调控中心同意操作。

3 操作步骤

3.1 就地液压手泵操作

3.1.1 手动液压开阀

（1）将手动液压泵的换向阀手柄拉出并旋转至开位（标有"OPEN"）。

（2）拔出手动液压泵的安全销，提起手动液压泵的操作杆至最高端，然后向下压动操作杆，重复上下提压动作，观察阀门阀位指示器开始朝"开"方向转动，即正在实现开阀动作。

（3）阀门开到位后，将换向阀置于自动位（标有"REMOTE/AUTO"），插入安全销。

（4）操作人员完成操作后，必须确认阀门阀位指示器到位，同时确认其远传信号正确。

3.1.2 手动液压关阀

（1）将手动液压泵的换向阀手柄拉出并旋转至关位（标有"CLOSE"）。

（2）拔出手动液压泵的安全销，提起手动液压泵的操作杆至最高端，然后向下压动操作杆，重复上下提压动作，观察阀门阀位指示器开始朝"关"方向转动，即正在实现关阀动作。

（3）阀门关到位后复位换向阀于自动位（标有"REMOTE/AUTO"），插入安全销。

（4）操作人员完成操作后，必须确认阀门阀位指示器到位，同时确认其远传信号正确。

3.2 就地气动开、关阀操作

3.2.1 就地气动开阀

（1）检查执行机构压力表读数在正常范围内，确保储气罐内压力满足开关一个行程。

（2）检查执行机构复位手柄是否在正常（复位）状态（当执行机构 ESD 动作或 LBP 动作后，需要先进行现场复位操作，才能进行气动开关操作）。

（3）检查确认换向阀置于自动位（标有"REMOTE/AUTO"），操作杆上的安全销插入。

（4）手动按下气控阀组开阀手柄并保持，观察执行机构阀位指示器开始朝"开"方向转动，即正在实现开阀动作。

（5）当阀门全开到位后，可听到气流声明显减小，松开手柄，使驱动罐中高压天然气从泄放口泄放。

（6）操作人员完成操作后，必须确认阀位指示器到位，同时确认其远传信号正确。

3.2.2 就地气动关阀

（1）检查执行机构压力表读数在正常范围内，确保储气罐内压力满足开关一个行程。

（2）检查执行机构复位手柄是否在正常（复位）状态（当执行机构 ESD 动作或 LBP 动作后，需要先进行现场复位操作，才能进行气动开关操作）。

（3）检查确认换向阀置于自动位（标有"REMOTE/AUTO"），操作杆上的安全销插入。

（4）手动按下气控阀组关阀手柄并保持，观察阀位指示器开始朝"关"方向转动，即正在实现关阀动作。

（5）当阀门全关到位后，松开手柄，使驱动罐中高压天然气从泄放口泄放。

（6）操作人员完成操作后，必须确认阀位指示器到位，同时确认其远传信号正确。

3.3　远程控制

(1)当现场需要屏蔽远程开关电磁阀时,打开保护罩,按下屏蔽按钮,则执行机构屏蔽远程控制功能。

(2)当弹出该按钮后,执行机构恢复远程控制功能。

(3)当执行机构执行 ESD 后,需要复位控制阀组,先按下排气按钮,将气控阀组内的气体排完,再向下按动复位手柄直到手柄不再回弹,执行机构复位完成。

4　操作要点

(1)就地气动开、关阀操作。当储气罐有足够压力气体时,将手动泵换向阀置于自动位(REMOTE/AUTO)。当气动开、关阀门时,手动泵手柄上的安全销必须插入,手柄处于锁定状态。

(2)就地液压手泵操作。当储气罐压力不足时,可利用液压手动泵和换向阀来实现阀门开关。

5　安全注意事项

(1)手泵开启阀门操作杆压不动时,严禁继续操作手泵。

(2)阀门自动关断须查明原因,排除故障后方可开阀,以防发生安全事故。

6　日常检查与维护保养

6.1　日常检查

(1)检查执行机构阀位指示应与实际阀位一致。

(2)检查执行机构各螺纹连接部位、密封部位应无漏气、漏油现象。

(3)检查执行机构各部件、引压管、截止阀等外观完好,无振动、无锈蚀,所有连接无松动。

(4)检查执行机构压力表读数在正常范围内,压力表在检定周期内。

(5)检查安全阀各螺纹连接处、排放口处应无泄漏,安全阀在校验周期内。

(6)检查 LBP 电控单元 OLED 显示是否正常,按下 OLED 能够正常唤醒显示,检查 OLED 显示屏压力值同管道实际压力值一致。

(7)检查 OLED 显示屏压降速率值,管道正常运行时显示值不应有快速、大幅度波动。

(8)检查 OLED 显示屏"阀位"为"全开"或"全关",同实际阀位一致。

(9)检查 OLED 显示屏"预/报警信息",具体报警内容可查询预报警一览表。

(10)检查 OLED 显示屏管线极值记录、异常记录、运行记录是否正常。

(11)检查执行机构复位手柄是否在正常(复位)状态(当执行机构 ESD 动作或 LBP 动作后,复位手柄处于起跳状态,应将其复位)。

6.2　维护保养

6.2.1　手泵检查

利用手动泵和方向控制阀操作阀门,检查动作是否正常。

6.2.2　储气罐排污

使用内六角扳手打开储气罐底部放空阀,此时执行机构内天然气开始从放空阀排出,利用气压将储气罐内的杂质和水排出。

6.2.3　过滤器滤网检查

清洗进气口、取压口及气控阀组底板底部过滤器滤网。

6.2.4 气液罐油位检查

松开气液罐顶部的油位标尺堵头，用标尺检查气液罐中油位，油位应在参考标尺的上下限范围之内(检查油位前应先放空气罐压力)。

6.2.5 安全阀及压力表

储气罐顶部安装的弹簧式安全阀每年校验一次，压力表每半年检定一次。

6.2.6 LBP 电控单元(太阳能面板)

(1)打开电控箱，检查蓄电池外观是否正常，电池电压为 10.8~14.3V DC。

(2)打开防爆接线盒或电控箱，检查外供电电压应为 18~30V。太阳能板空载电压为 12~25V DC，充电电流为 0~1.5A。

6.2.7 气控阀组

(1)利用气控阀组开、关手柄气动操作阀门，检查阀门开、关是否到位。

(2)通过远程控制开、关阀门命令(24V DC 通电控制信号)，检查阀门开、关是否到位。

(3)从爆管保护单元的压力传感器输入给定的压力信号，分别超过高限设定值、低限设定值和压降速率设定值，检查爆管保护功能是否正常，气控阀组复位阀手柄是否起跳。

(4)通过 ESD 紧急关阀命令，检查 ESD 控制功能是否正常，气控阀组复位阀手柄是否起跳。

6.2.8 ESD 电磁阀

(1)检查 ESD 控制电压在 24V±2.4V 以内，检查控制线路连接情况。

(2)ESD 电磁阀断电后测量线圈电阻为 218Ω 左右。

(3)检查密封情况。

以上保养步骤完成后，开始恢复工作，打开进气源阀门给执行机构充气，确认执行机构进入正常工作状态。

7 突发事件应急处置

(1)现场出现火灾、爆炸时，应立即停止作业，妥善处理现场。

(2)如事件不可控制，应立即启动井场应急处置预案并进行处理。

单元四　储气库井控管理

井控管理是一项系统工程，涉及井位选址、地质与工程设计、设备配套、维修检验、安装验收、生产组织、技术管理、现场管理等项工作，需要设计、地质、生产、工程、装备、监督、计划、财务、科技、培训和安全等部门相互配合、共同把关。

本单元规定了井控管理基本制度、井控应急处置、井控装备管理、生产井井控管理及井控培训等内容。

模块一　井控管理基本制度

项目一　井控管理工作制度

1　项目简介

贯彻落实"安全第一，预防为主"的方针和"安全发展，以人为本"的理念，加强储气库天然气井井控管理，严防井喷失控、天然气泄漏事故，确保储气库的安全、平稳、高效运行。

2　相关制度

2.1　井控工作检查制度

各级井控工作领导小组应定期组织开展井控检查工作。工程施工单位和油气生产单位每季度检查1次，基层单位每月检查1次。

2.2　井控工作例会制度

各级井控工作领导小组应定期组织召开井控工作例会。工程施工单位和油气生产单位每季度召开1次，基层单位每月召开1次。

2.3　干部值班带班制度

钻井施工、试油(气)和井下作业均应实行干部24h值班制度。开发井从钻开产层前100m，探井从安装防喷器到完井期间，均应有干部带班作业；"三高"井钻开油气层应有处级干部或井控专家驻井；"三高"井试油(气)作业，应有干部带班作业。

2.4　坐岗观察制度

(1)探井自安装防喷器至完井，开发井自钻开油气层前100m至完井均应安排专人24h坐岗观察溢流，坐岗观察由钻井人员、钻井液人员和地质录井人员负责，坐岗记录时间间隔不大于15min，溢流井漏应加密监测。

(2)试油(气)(含射孔)和井下作业施工应安排专人观察井口，发生溢流应按程序处置并上报。

项目二 井控持证上岗制度

1 项目简介

各级主管领导、管理人员和相关岗位操作人员应接受井控技术和 H_2S 防护技术培训，并取得"井控培训合格证"和" H_2S 防护技术培训证书"。

2 持证岗位

2.1 "井控培训合格证"持证岗位

（1）业务板块井控管理主体单位的领导及管理（含监督）人员：行政正职，主管生产、安全的领导；勘探、开发、生产、钻井、安全、设计、监督部门领导，以及参与井控管理的人员。

（2）分公司和地区石油工程公司领导及管理（含监督）人员：行政正职，主管勘探、开发和安全的企业领导；勘探、开发、生产、钻井、安全、设计、监督部门领导，以及参与井控管理的人员。

（3）工程施工单位与油气生产单位的领导及管理（含监督）人员：行政正职，主管生产、技术和安全工作的单位领导，正、副总工程师；工程技术、生产管理和安全管理部门领导，以及参与井控管理的人员。

2.2 施工队伍

（1）钻井队（平台）：平台经理，正、副队长，书记，钻井工程师（技术员），钻井液工程师，安全员，钻井技师，大班，司机长，钻井现场操作工。

（2）试油（气）与井下作业队（平台）：平台经理，正、副队长，作业工程师（技术员），安全员，作业技师，大班，现场操作工。

（3）测井队、录井队、固井队：正、副队长，现场施工人员。

（4）采油（气）队：正、副队长，技术人员，安全员。

（5）地下储气库：正、副主任，技术人员，安全员。

2.3 其他人员

（1）钻井、试油（气）、井下作业等工程、地质与施工设计人员，现场监督人员。

（2）井控专业检验维修机构技术人员和现场服务人员。

（3）从事欠平衡钻井/控压钻井、气体钻井、试油（气）、钻井液、取心、定向等专业服务的技术人员及主要操作人员。

2.4 " H_2S 防护技术培训证书"持证岗位

（1）机关人员：在含 H_2S 区域从事钻井、测井、录井、试油（气）、井下作业和油气开发的相关领导及管理人员。

（2）现场人员：在含 H_2S 区域从事钻井、测井、录井、试油（气）、井下作业、专业化服务和油气开发的现场操作及管理人员。

上述培训及复审应在总部认证的相应培训机构进行；A 类井控培训取证由总部指定的井控培训机构负责。其余实行专业化培训。

项目三 井控设备管理及检维修制度

1 项目简介

设备是生产的物质基础，强化设备管理，科学合理地制订设备维护、保养计划，是延长设备使用寿命，提高设备安全性能及设备使用效率，保证设备正常运行的必要条件。

2　管理制度

2.1　井控设备管理制度

（1）所有井控装备及配件，必须是合格的生产产品，所有井控装置在额定工作压力范围内必须能长时间有效密封。具有气密功能的闸板防喷器出厂应做气密封检验，各项检验指标应满足《闸板防喷器出厂气密封检测技术规范》要求。

（2）用于"三高"油气井的井控设备，累计使用时间不宜超过10年，超过10年应加密检测并监控延长使用3年。用于"三高"气井的钻井四通不应超过10年，控制系统不应超过15年，无档案、无明确标牌、无法确定使用年限的防喷器组、钻井四通等关键装置不允许在"三高"油气井使用。"三高"井、含硫井等高风险井，禁止用剪切全封一体化闸板防喷器代替剪切闸板、全封闸板或剪切闸板和全封闸板组合防喷器。

2.2　井控设备检维修制度

（1）井控设备专业检验维修机构应以检验维修点为基本单位取得独立资质；未取得资质者不得从事相应级别井控检验维修工作。

（2）专业检验维修机构应建立完善的检验维修质量保证体系，检验维修应严格执行《防喷器的检验、修理与再制造》等相关标准、制度。

（3）防喷器组检验维修后，应分别进行低压和额定工作压力试压，先低压，后高压；用于"三高"气井的防喷器组应进行等压气密封检验，且满足《在役防喷器气密封检测规范》要求。

（4）用于"三高"气井的节流管汇、压井管汇和采气树进场维修应解体和清洗，并逐一更换闸阀密封件；壳体和管道应进行无损探伤，重新组装后应双向试压合格；节流管汇现场进行整体试压后应对各闸门按要求进行正、反向试压。用于"三高"气井的钻井四通，应无放喷记录并检测合格，钢圈槽、主侧通径等有维修记录的钻井四通不能在"三高"气井上使用。普通井的钻井四通应有明确的使用档案。钻井四通的报废按相关标准执行。

（5）专业检验维修机构应按照逐台、逐项原则，建立防喷器、控制系统、阀组、管汇、井口四通等使用维修档案。送检单位应提交装置在现场上的使用数据记录。

（6）实行井控设备检测维修质量定期抽检制度，且抽检率不低于年维修量的2%。抽检工作由总部委托有资质的第三方质量监督机构进行。

项目四　井喷应急管理制度

1　项目简介

提高有效应对井喷突发事件的综合指挥能力，规范应急管理工作，明确各级部门及人员在事故应急中的责任和义务，预防和控制次生灾害的发生，保障员工和公众的生命安全，最大限度地预防和减少生产安全事故及其造成的损害。

2　管理制度

（1）钻井施工、试油（气）施工、井下作业和油气生产井应按照"一井一案"原则，编制工程和安全综合应急预案。应急预案应包括防井喷失控、防 H_2S 泄漏和防油气火灾爆炸等子预案。

（2）钻井施工、试油（气）施工、井下作业防井喷失控、压裂刺漏和防 H_2S 泄漏应急预案，除了要满足规定编制要素，还应明确规定双方应急责权、点火条件和弃井点火决策及操作岗位等。

（3）钻井队、试油（气）队和井下作业队分别是钻井施工、试油（气）施工和井下作业的应急责任主体，所有配合施工作业和后勤服务的队伍，其应急预案均应服从井控责任主体单位的应急预案，并服从应急指挥。

（4）安全应急预案按照分级管理的原则，分别报当地政府和上级安全部门审查备案。

项目五　井控事件管理制度

1　项目简介

事件管理是一个很关键的流程，它为组织提供检测事件、准确确定支持资源以便尽快解决事件的能力。尽可能在最短时间内解除故障，减少事件对业务运作的影响。

2　事件分类

根据事件严重程度，井控事件分为Ⅰ级、Ⅱ级、Ⅲ级和Ⅳ级4个级别。对应安全事故级别，根据伤亡情况和直接经济损失确定事故分级。对重点"三高"井的设计，业主单位应按要求向相关部门备案。

2.1　Ⅰ级井控事件

井喷失控造成火灾、爆炸为一般A级事故，有人员伤亡，井口失控造成H_2S等有毒有害气体逸散且未能及时点火。

2.2　Ⅱ级井控事件

发生井喷事件或严重溢流，造成井筒压力失控，井筒流体处于放喷状态时，虽未能点火但喷出流体不含H_2S，或虽含H_2S等有毒有害气体但已及时点火等。对应安全事故级别，根据直接经济损失确定事故分级。

2.3　Ⅲ级井控事件

发生井喷事件，72h内仍未建立井筒压力平衡，且短时间难以处理。Ⅲ级井控事件属于工艺异常事件。

2.4　Ⅳ级井控事件

发生一般性井喷，72h内重新建立了井筒压力平衡。Ⅳ级井控事件属于生产性工艺异常事件。

关井套压大于35MPa，建立井筒压力平衡困难时，业主单位可报请集团公司井控领导小组办公室，组织集团公司内井控高级专家协助其制定方案。

3　事件上报及调查处理

3.1　事件上报

发生井控事件，事件单位应立即上报并启动应急预案。

（1）Ⅰ级和Ⅱ级井控事件应在2h内逐级报至上级应急指挥中心办公室和办公厅总值班室，并同时报地方政府相关部门。

（2）Ⅲ级井控事件应及时逐级上报上级部门并进行应急预警。

3.2　调查处理

发生各级井控事件，均应按照"四不放过"原则调查处理。

模块二　井控风险防控

项目一　修井作业风险防控

1　项目简介

储气库注采井的修井作业不同于普通气藏开发井的修井，存在许多难点。由于储气库担负着天然气季节调峰，以及紧急大排量供气的任务，并且储气库注采井长期处于高压、大气量工作状态下。因此，在储气库注采完井时，采用了较为复杂的注采管柱，给修井施工带来难度。

2　井下作业

2.1　可能出现的风险

（1）原井管柱拔不动。

（2）封隔器中途意外坐封。

（3）通井过程中顿钻或卡钻。

（4）井喷。

2.2　可能原因

（1）套管变形、油管砂埋等。

（2）封隔器过防喷器时卡瓦被刮坏、坐封销钉数量设置不够，管内意外压差导致。

（3）下管柱速度过快。

（4）地层压力与设计不符、压井液密度不符合要求等。

2.3　解决措施

（1）油管倒扣、冲砂捞砂。

（2）先向上缓慢试提，在封隔器未完全胀开的情况下将封隔器取出；如果封隔器提不动，则右旋管柱将锚定密封倒开，起出上部油管串，然后下入磨铣工具磨铣封隔器。

（3）作业过程中应平稳操作，下管柱速度控制在 10～20m/min；遇阻时，悬重下降控制不超过 20～30kN，并上下平稳活动管柱、循环冲洗，严禁猛磴、硬压。

（4）下完井管柱过程中一旦发现井口外溢，确认为井喷前兆时，立即在油管上抢装内防喷工具（旋塞阀）总成短节，关闭旋塞阀，关闭防喷器半封闸板。

3　挤堵作业

3.1　可能出现的风险

（1）挤堵异常高压。

（2）钻塞过程中上顶。

3.2　可能原因

（1）堵剂配制过量或挤堵管柱堵塞。

（2）灰塞下有压力。

3.3　解决措施

（1）挤堵过程中如出现泵压异常增高，应及时停泵，上提管柱后反循环洗井，若洗井不通，及时起出全部挤堵管柱。

(2)钻塞过程中井口安装防顶装置。

项目二　环空带压井风险防控

1　项目简介

对于持续环空带压井和热效应带压井而言，因前者井筒屏障已遭破坏，存在更大的安全风险，因此是管控的重点对象。考虑到储气库注采井修井难度大、费用高且作业效果通常较差，目前国内对于环空带压井的管理以加强监测、科学泄压为主，合理确定环空允许压力界限。环空带压有正常带压与异常带压两种。

2　风险分析及防控措施

2.1　正常环空带压原因分析

(1)热膨胀效应。由于开、关井或其他原因导致井筒温度发生动态变化，引起环空内流体体积变化，进而引起环空压力变化。

(2)由于生产安全需要，为防止油管内压过载损伤或套管挤毁，完井时人为施加的压力。

(3)未下封隔器。

2.2　异常带压原因分析

可能原因为井口装置、油管、套管、井下安全阀、封隔器等井屏障元件失效泄漏或者滑套打开引起的带压。

2.2.1　环空连通通道

(1)内部窜流通道。

①封隔器、循环滑套等完井工具泄漏。

②油管接头泄漏/渗漏、穿孔。

③采气树或者井口装置的密封泄漏、穿孔或者接头泄漏。

(2)外部连通通道。

①油管悬挂器泄漏。

②生产套管柱变形挤毁、接头泄漏、腐蚀穿孔、尾管顶部失效等。

③生产套管悬挂器泄漏。

④外层套管柱泄漏，同时外层环形空间水泥环密封失效。

2.2.2　B和C环空连通通道

(1)油管挂、套管挂密封失效。

(2)套管注水泥质量欠佳，水泥环密封失效或后期酸化压裂、测试、钻水泥塞等作业诱发微环隙，产层气体或非产层气体的气窜。

(3)套管柱密封失效。

(4)裸露地层井段，浅层气经由套管鞋或套管丝扣等渗漏进入环空。表现为环空泄压后油压无明显变化，套压缓慢恢复。

2.3　环空带压风险分级

(1)根据环空压力值情况，将环空带压井分高、中、低3个等级管控。

(2)根据测试数据绘制压力—时间曲线图，判断环空带压类型和成因。

①泄压阶段压力快速泄为0MPa，24h压力没有回升。考虑井筒温度效应为主要影响因

素引起的环空带压，属于低风险环空带压。

②泄压阶段压力能够快速降到0MPa，24h内升压较为缓慢且比先前所带压力低，压力稳定在一个可接受的低水平值。考虑井屏障元件轻微损伤为主要影响因素引起的环空带压，属于中风险环空带压。

③泄压阶段压力不能够降到0MPa，24h内升压较为迅速，且很快恢复到或高于先前所带压力值。考虑井屏障元件严重损伤为主要影响因素引起的环空带压，属于高风险环空带压。

④井筒泄压阶段压力降落幅度较小，24h内升压较为迅速，且很快恢复到或高于先前所带压力值或者环空压力与油压基本一致。考虑井筒完整性发生破坏，属于高危风险环空带压。

2.4　环空压力监测

2.4.1　环空压力监测设备

（1）注采井A、B环空应安装连续压力监测设备，并具备数据存储和远传功能。

（2）注采井C环空应安装压力监测设备。若C环空带压后，应安装连续压力监测设备，并具备数据存储和远传功能。

（3）监测设备应满足工况要求。

2.4.2　环空压力监测管理

（1）各环空压力数据应连续监测并记录，建立环空压力监测资料。

（2）对环空压力异常井应增加监测频次。

2.5　环空压力管控

2.5.1　环空压力限值

（1）A环空限压值计算。取生产套管最小剩余抗内压强度的50%、技术套管最小剩余抗内压强度的80%、油管柱最小剩余抗外挤强度的75%、永久封隔器耐压值的80%、油管头额定工作压力的80%，五者中的最小值。

（2）B环空限压值计算。取技术套管最小剩余抗内压强度的50%、表层套管最小剩余抗内压强度的80%、生产套管最小剩余抗外挤强度的75%、生产套管头额定工作压力的60%，四者中的最小值。

（3）C环空限压值计算。取表层套管最小剩余抗内压强度的30%、导管最小剩余抗内压强度的80%、技术套管最小剩余抗外挤强度的75%、技术套管头额定工作压力的60%，四者中的最小值。

2.5.2　环空压力异常检测

（1）环空压力出现异常，应及时进行相应的技术检测，评估泄漏量和位置，分析压力异常原因。

（2）环空压力出现异常，应加密巡检并连续记录压力值。

（3）应进行环空气质组分分析，跟踪分析气质变化。宜开展气质同位素分析，判断气质来源。

2.5.3　环空压力异常管控

（1）应确定环空压力异常井的井口压力报警值和限压值，报警值应取限压值的80%。

（2）环空压力异常井，宜在生产条件允许的情况下，进行压力泄放。

（3）注采井 A、B、C 环空应安装压力泄放流程。当 A 环空压力大于报警值时，压力泄放至报警值 50% 以下或放出环空保护液为止，同时需要加注环空保护液；当 B 环空压力大于报警值时，压力泄放至 0。

（4）注采井 A 环空压力异常，宜每月测试环空液面深度，跟踪环空液面变化情况。

（5）对于 A 环空压力异常、环空保护液漏失严重、压力泄放效果不明显的气井，应采用置换方式补充加注环空保护液，并保持加注后 A 环空压力低于报警值。

（6）由于腐蚀、冲蚀、水泥环失效等原因导致环空异常带压，泄压有可能造成环空压力升高的，不宜进行泄压。

项目三　利用井风险防控

1　项目简介

由于地层压力较高，井口采气树设备因腐蚀穿孔、应力破坏、法兰紧固件或密封件失效，以及法兰材质、焊接缺陷等因素，造成法兰、仪表接头等部位发生天然气泄漏。

2　管控措施

2.1　井下管柱改造井管控措施

按照注采井进行管理，井口渗漏参照应急处置程序进行处置。

2.1.1　制度措施

（1）设备操作规程。组织编制设备操作规程，指导采气树设备的维护保养工作，站场组织开展站内学习培训。

（2）建立全面的风险防控管理制度。

①开展作业风险辨识与评价，依据风险辨识结果，制定风险管控方案。

②加强日常风险隐患排查，分析井口采气树压力变化情况，研判风险隐患状态。在值班巡检过程中，携带验漏壶对采气树密封点进行验漏，及时消除泄漏点。

③根据风险点辨识与现场实际，配置齐全的气体探测设备和安全防护用品。

2.1.2　工程技术措施

（1）确定环空压力异常井的井口压力报警值和限压值，报警值应取限压值的 80%。环空压力异常井，宜在生产条件允许的情况下，进行压力泄放。

①当 A 环空压力大于报警值时，压力泄放至报警值 50% 以下或放出环空保护液为止。

②当 B、C 环空压力大于报警值时，压力泄放至 0。

③环空压力超过限压值后，在补充环空保护液前关井。

（2）泄放环空压力，确保压力控制在合理范围内，及时补充加注环空保护液。

（3）开展环空液面监测，掌握环空保护液漏失情况。

（4）配套安装压井、泄压及加注环空保护液设备。

2.1.3　管理措施

（1）强化采气树及井控设备日常保养。每半年开展一次采气树保养，确保采气树及井控设备正常。

（2）严格落实巡井制度。每天进行一次巡回检查，对井口装置进行验漏，对油压、各级套压进行监测，了解井场生产、相关设备运行等情况。

（3）加强作业监护。落实作业方案，开展作业前安全分析，做到一人操作一人监护，防止发生天然气泄漏及伤人事件。

（4）定期开展风险评价。每年组织开展一次环空带压风险防控评估，评价防控措施有效性，根据评价结果及时完善各项防控措施。

（5）定期开展员工应急培训及应急演练。使每名员工了解岗位存在的风险，加强个人防护意识，掌握应急处置流程。

2.2　未完成管柱改造老井

2.2.1　制度措施

（1）设备操作规程。组织编制完善设备操作规程，指导站场设备的操作、维护保养工作。

（2）建立全面的风险防控管理制度。

①开展利用井作业风险辨识与评价，依据风险辨识结果，制定风险管控方案。

②根据风险点辨识与站场实际，配置齐全防护用品，按照操作规程、设备使用说明等定期做好设备的维护保养。

③定期开展员工培训，使每名员工了解岗位存在的危害，掌握应急处置流程，加强个人防护意识。

2.2.2　技术措施

（1）组织开展井筒完整性评估，开展注采交变载荷条件下管柱、井下封隔器等受力分析等技术研究攻关工作。

（2）组织设计单位开展老井利用井的可利用性方案论证，组织施工队伍及测井队伍对井筒重新进行井况检测，以确定老井利用井的下步应用。

2.2.3　工程措施

按照储气库新钻注采井的高标准，更换井口装置、完井管柱，并下入封隔器，安装井口控制柜，完成利用井、观察井的二次改造，从而降低井控风险。

2.2.4　管理措施

（1）加强作业监护。落实作业方案要求，开展作业前安全分析，做到一人操作一人监护，防止发生天然气泄漏及伤人事件。

（2）严格落实巡井制度。每天进行一次巡回检查，主要巡检部位和内容包括井口、套管头、采气树的腐蚀情况和密封效果，以及安全关断装置、泄放系统的灵敏可靠性。查看井口压力、验漏，并及时将巡检信息报送至注采站中控室。

（3）定期开展风险评价。每年组织开展一次利用井井口装置天然气泄漏风险防控评价，评价防控措施有效性，根据评价结果及时完善各项防控措施。

（4）强化采气树日常保养。采气树每季度开展一次保养，以现场观测、部件紧固、调整和采气树阀门、轴承加注润滑脂为主，套管头每年度维护保养一次。

（5）目视化管理。现场悬挂"高压危险，请勿靠近"警示标识，对长关阀门进行能量锁定管理。

2.2.5　应急措施

每月开展一次井控应急演练，每半年组织或参加一次相关单位联合应急演练。

项目四　观察井风险防控

1　项目简介

观察井是通过检测井口油套压的变化来实时掌握储气库的注采动态，一般不负担生产任务。采气井口长期处于关井状态，井口装置若不满足长期安全承压要求，极易发生天然气泄漏事故。

2　防控措施

2.1　制度措施

（1）设备操作规程。组织编制完善设备操作规程，指导站场设备的操作、维护保养工作，组织开展站场学习培训。

（2）建立全面的风险防控制度。

①开展观察井作业风险辨识与评价，依据风险辨识结果，制定风险管控方案。

②根据风险点辨识与站场实际，配置齐全防护用品，按照操作规程、设备使用说明等定期做好设备的维护保养。

③定期开展员工培训，使每名员工了解岗位存在的危害，掌握应急处置流程，加强个人防护意识。

2.2　技术措施

（1）组织开展井筒完整性评估。

（2）加强油套压监测，分析压力变化趋势，定期取样分析监测气体组分。

2.3　管理措施

（1）严格落实巡井制度。每天进行一次巡回检查，主要巡检部位和内容包括井口、套管头、采气树的腐蚀情况和密封效果，以及安全关断装置、泄放系统的灵敏可靠性。查看井口压力、验漏，并及时将巡检信息报送至注采站中控室。

（2）定期开展风险评价，根据评价结果及时完善各项防控措施。

（3）强化采气树日常保养。定期开展采气树保养，以现场观测、部件紧固、调整和采气树阀门、轴承加注润滑脂为主，对套管头进行周期维护保养。

（4）目视化管理。安装防盗笼，现场悬挂"高压危险，请勿靠近"警示标识，对长关阀门进行能量锁定管理。

2.4　应急措施

每月开展一次井控应急演练，每半年组织或参加一次相关单位联合应急演练。

项目五　封堵井风险防控

1　项目简介

储气库老井对堵剂要求极高，施工难度大。在交变应力条件下永久密封难；地层孔隙中存在一定量的水、油污和杂质，妨碍水泥与岩石的高质量胶结；当水泥环本身及其第一、第二界面存在微小缝隙需要封堵时，浆体挤注难度大；井筒深、温度高，作业风险大；部分井封堵层位地层亏空、孔隙压力低，封堵作业容易发生漏失。

2　防控措施

2.1　制度措施

（1）设备操作规程。组织编制完善设备操作规程，指导站场设备的操作、维护保养工作，组织开展站场学习培训。

（2）建立全面的风险防控管理制度。

①开展封堵井作业风险辨识与评价，依据风险辨识结果，制定风险管控方案。

②根据风险点辨识与站场实际，配置齐全防护用品，按照操作规程、设备使用说明等定期做好设备的维护保养。

③定期开展员工培训，使每名员工了解岗位存在的危害，掌握应急处置流程，加强个人防护意识。

2.2　管理措施

（1）加强作业监护。落实作业方案，开展作业前安全分析，做到一人操作一人监护，防止发生天然气泄漏及伤人事件。

（2）严格落实巡井制度。每天进行一次巡回检查，主要巡检部位和内容包括井口、套管头的腐蚀情况和密封效果，井场道路占压情况。查看井口压力、验漏，检查远传设备是否处于正常状态。

（3）定期开展风险评价。每年组织开展一次封堵井井口装置天然气泄漏风险防控评估，评价防控措施有效性，根据评价结果及时完善各项防控措施。

（4）强化封堵井日常保养。每年开展一次保养，以现场观测、部件紧固、调整和采气树阀门、轴承加注润滑脂为主；套管头每年维护保养一次。

（5）目视化管理。现场设置警示标识。

2.3　应急措施

每月开展一次井控应急演练，每半年组织或参加一次相关单位联合应急演练。

项目六　储气库井安全预防管理

1　项目简介

本质安全是安全生产管理预防为主的根本体现，也是安全生产管理的最高境界。从安全管理学角度出发，本质安全是安全管理理念的转变，表现为对事故由被动接受到积极事先预防，以实现从源头杜绝事故，保护人身安全。

2　管理措施

2.1　防火、防爆措施

（1）采气井场设备、设施的布局，消防设施的配备应符合《石油天然气工程设计防火规范》（GB 50183—2015）中的相关规定。

（2）井场设施、照明器具、输电线等的配置及安装应符合《石油天然气钻井、开发、储运防火防爆安全生产技术规程》（SY 5225—2012）中的相关规定。距井口30m以内的所有电气设备应符合防爆要求；电器设备、照明器具应分闸控制，做到一机一闸一保护。

（3）井场若需动火，应执行中国石化关于用火作业的相应安全管理规定。

（4）进入井场的机具、工程车辆应戴有防火罩，并确保完好有效。

（5）作业人员作业时应使用防爆工具，穿戴防静电防护用品。

（6）井场严禁可燃气体放空，应用可靠的点火设施点火放空。

2.2　防硫化氢措施

（1）在含硫化氢井场工作时，采气管理区技术人员应向全队员工进行安全技术交底，说明油气层性质及含硫化氢情况，并建立预警预报制度，发现有硫化氢气体溢出应立即报警。

（2）防硫化氢设备的配备应符合相关要求；当班人员应每人配备 1 套正压式空气呼吸器，并备用 2 套。

（3）监测仪在使用过程中应定期进行校验，固定式、便携式硫化氢监测仪应每年校验一次。在超过满量程浓度的环境中使用后，应重新校验合格。

（4）井场硫化氢浓度低于 $30mg/m^3$（20ppm）的情况下，可以连续工作 8h；井场硫化氢浓度超过 $30mg/m^3$（20ppm）的情况下，作业人员应立即佩戴正压式空气呼吸器进行应急作业；井场硫化氢浓度超过 $75mg/m^3$（50ppm）的情况下，作业人员应立即关停设备，撤离至安全区等待救援。

（5）放喷点火应派专人进行，在上风方向远程点火。

（6）上岗人员应进行硫化氢安全防护培训，在取得"硫化氢安全防护培训合格证"后方可上岗。

（7）作业人员在井场应配带便携式硫化氢监测仪，含硫化氢井取样时应戴正压式空气呼吸器。

（8）含硫化氢井应定期进行巡检，巡检人员不得少于 2 人。

模块三　储气库气井运行管理

本模块规定了储气库生产运行中气井管理所需资料、日常运行管理、检测与评价、风险与应急管理的要求。适用于油气藏型储气库各类井及盐穴型储气库注采井的运行管理。

项目一　基础资料

1　项目简介

健全基础资料，确保井控资料完整、及时、准确，从而能够掌握注采井动态，以便在每个时期制定行之有效的措施，实行目标管理，达到预测、预报、预防的目的。

2　资料内容

2.1　设计与建设期资料

（1）前期资料：包括可行性研究、初步设计、老井或采卤溶腔检测评价报告等资料。

（2）设计资料：包括地质设计、工程设计、施工设计等资料。

（3）施工资料：包括钻井、测井、录井、完井、试油等资料。

2.2　运行期资料

（1）管理资料：包括注采运行方案、调整方案、历次作业方案及总结、设备维护保养记录等。

（2）检测资料：包括环空保护液检测、井筒完整性检测及评价、井口装置检测及评价、出砂监测、声呐检测等资料。

（3）监测资料：包括井口温度及压力、井底温度及压力，流体组分数据，监测井监测等资料。

3　井控资料管理

3.1　台账类

（1）井控管理台账（含上级井控文件、井控管理制度和井控标准等）；注采井、监测井、封堵井单井井控资料台账，内容包括井身结构管柱图、钻井井史、作业井史、井口装置各部件技术规格和型号等资料。

（2）井口巡井台账，内容包括井口设备完好情况、井口压力等。

（3）井控培训及取、换证台账。

（4）井控应急物资台账。

（5）井控隐患治理台账。

（6）监测和特殊作业台账。

3.2　记录类

（1）事故应急"一井（站）一案"等各项应急预案归档记录。

（2）气藏监测和特殊作业任务书及设计归档记录；井控自查自改记录。

（3）井控检查记录。

（4）井控例会记录。

（5）井控演练记录。

（6）月度、半年度、年度井控工作总结记录。

项目二　注采井日常运行管理

1　项目简介

注采井井控管理是指在日常注采气以及生产维护过程中，为预防设备腐蚀、操作不当及地层压力变化等各种因素对井口装置造成损坏，导致井口失控而开展的井控安全技术管理。

2　日常管理

2.1　生产运行管理

(1)注采气量及生产压差应控制在地质方案要求的范围内。

(2)生产运行过程中井的生产动态资料的录取，按照《储气库气藏管理规范》(SY/T 7649—2021)相关要求执行。

(3)应对环空压力异常的井加密监测，并进行诊断分析，做好运行管控。

(4)注采期间应选择有代表性的井进行流体分析，采气期至少每月一次，注气期每两个月一次。

(5)应对产出水矿化度较高的井制定结盐防控措施，并加强监测与分析。

(6)对于含硫化氢的储气库，应选择典型井定期检测硫化氢含量。

(7)对于易出砂的储气库，应选择典型井监测出砂情况。

2.2　井口装置

(1)每个注采转换期均宜进行维护保养。

(2)对于关闭超过6个月的生产井，启用时应对采气树重新进行密封测试。

(3)每年采气后均宜对井口节流阀进行拆检，并检查出砂情况。

(4)注采井应安装环空压力表，并监测环空压力。

(5)每年应定期监测井口装置的抬升和地面沉降情况。

(6)井口装置正常情况下使用外侧阀门，内侧阀门保持全开备用状态；有两个总阀门的使用上阀门，下阀门处于全开备用状态。井控装置正常情况下，一般只使用外侧阀门进行开、关井操作。在紧急情况或当外侧阀门损坏时，使用内侧阀门关井，并及时维修或更换外侧阀门。开、关井口阀门应站在阀门的侧面，全关或全开阀门操作旋转到位后，应回旋 1/3 ~ 1/2 圈。

2.3　安全控制系统

(1)生产过程中安全控制系统应保持远程控制状态。

(2)控制管线压力应保持井下安全阀处于完全打开状态。

(3)每年应对井下安全阀至少进行1次开关功能测试，地面控制系统每年应至少进行2次功能测试，测试执行相关规定。

(4)压力传感器、温度传感器等安全系统测试应执行相关规定。

(5)井下安全阀不应作为生产过程中关断阀使用。

(6)天然气经井下安全阀控制管线泄漏时，应停止注气或采气，并根据具体情况采取相应措施。

2.4　井控装置工况分析诊断和维护

(1)根据储气库注气运行情况，制定区块井控装置工况检测方案、腐蚀防治方案，开展井控装置工况分析诊断和维护。

(2)在生产过程中，应严格执行生产管理制度，及时开展生产动态监测和分析。

(3)含 H_2S、CO_2 等酸性气体的气井，应按照工艺设计要求采取防腐、防垢、防水合物等工艺措施。

2.5　井口装置巡护

(1)每日坚持巡井一次，每次需将本站所有注采井巡查一遍。

(2)巡井时需带上必要的工具，对于巡井中发现的问题，小问题立刻整改，大问题向站长汇报，站长再向有关部门汇报。

2.6　巡井检查

(1)检查井场是否平整，是否有堆积物。

(2)检查井口装置是否遭到破坏，设备是否齐全，防盗笼等安全防盗措施是否完好。

(3)检查流程是否正确，阀门是否开关到位。重点检查采气树阀门及法兰连接处、大四通周边主阀及法兰连接处、套管头及环形钢板等处有无腐蚀或渗漏等异常现象。

(4)巡井后按要求填写巡井台账，有问题做好汇报和记录，并做好井口情况的交接。

3　安全注意事项

(1)井口装置施工作业时，严格执行安全管理制度。

(2)对井口装置各连接部件进行紧固、调整、拆卸、焊接时，严禁带压作业。

4　突发事件应急处置

(1)现场出现火灾、爆炸时，应立即停止作业，妥善处理现场。

(2)如事件不可控制，应立即启动井控应急处置预案并进行处理。

项目三　监测井日常运行管理

1　项目简介

监测井指用于监测储气库注采动态、密封性、流体运移等不同功能的井。

2　日常管理

2.1　储气层监测井

(1)储气层监测井包括储气库内部温度、压力监测井和气液界面、气液边界监测井，其管理应按注采井的要求执行。

(2)应定期对安装毛细管测压装置的井进行毛细管线吹扫，并在毛细管线出口进行可燃气体检测，压力变送器应每年标定 1 次。

2.2　其他监测井

其他监测井包括盖层监测井、断层监测井、浅层水监测井、溢出点监测井和微地震监测井等，管理要求如下。

(1)井口装置宜每年保养 1 次。

(2)每周应巡检 1 次，压力异常时应加密巡检，并及时分析处理。

(3)按照监测方案要求，应定期测取井底温度、压力或井筒液面等资料。

3　安全注意事项

(1)井口装置施工作业时，严格执行安全管理制度。

(2)对井口装置各连接部件进行紧固、调整、拆卸、焊接时，严禁带压作业。

4 突发事件应急处置

(1)现场出现火灾、爆炸时,应立即停止作业,妥善处理现场。

(2)如事件不可控制,应立即启动井控应急处置预案并进行处理。

项目四 封堵井日常运行管理

1 项目简介

封堵井指为确保储气库完整性而进行封堵作业的井。

2 日常管理

(1)应安装简易井口装置和压力表,井口装置应每年开展1次保养,仪表定期校验。

(2)定期巡检,录取井口压力。

(3)井口带压井应加密巡检,定期测流体组分、压力和液面。

(4)井口压力异常的井应进行预警,并录取流体样品进行化验分析。

3 安全注意事项

(1)井口装置施工作业时,严格执行安全管理制度。

(2)对井口装置各连接部件进行紧固、调整、拆卸、焊接时,严禁带压作业。

4 突发事件应急处置

(1)现场出现火灾、爆炸时,应立即停止作业,妥善处理现场。

(2)如事件不可控制,应立即启动井控应急处置预案并进行处理。

项目五 生产测试作业井井控管理

1 项目简介

生产测试作业是指在注采气井、监测井、封堵井中开展的测井测试等工作。

2 管理措施

2.1 生产测试作业前井控管理及要求

组织编写、审查生产测试作业设计和应急预案,由分管领导审批。应急预案要依据施工作业环节风险辨识制定,测试前应组织开展技术安全井控交底,并办理相关作业票。

2.2 测试过程中井控管理及要求

(1)含硫化氢储气库测井作业时,入井仪器及测井电缆应具有良好的抗硫性能,现场应配置正压式空气呼吸器和便携式 H_2S 检测仪各2套。

(2)按标准配备井控装置,并按照设计要求的试压程序进行试压,验收合格经现场监督签字后方可进行测试施工。

(3)连续油管、生产测井等作业,防喷管下部应安装闸板防喷器,防喷器应有剪切功能。

(4)生产测井施工前,测井设备和试井仪器配套和安装符合标准要求,所属单位组织生产、HSE、技术、应急、工程监督等部门(单位)人员进行开工验收和安全条件确认。生产运行单位应与施工单位结合,明确生产状态、生产参数的控制以及井控需要屏蔽的设备设施。

(5)测试期间施工单位应制定具体的井控安全管理措施。

（6）施工期间所属单位应检查施工现场井控准备情况，现场监督进行整个生产测井过程监督。

（7）生产测井过程中发生溢流、井涌、井喷等险情时，应服从现场应急指挥人员指挥，根据井下实际情况采取快速起出电缆关井或切断电缆关井等措施，确保井控安全。

（8）测试完成后，由生产运行单位负责恢复井口阀门状态，所属单位负责验收交接。现场监督签字，做好测试施工安全、井控和施工质量现场评价。

项目六　井下作业井井控管理

1　项目简介

井下作业指在储气库各类井井筒内实施的大型作业，包括：起下管柱、修井、储层改造、封堵等。

2　管理措施

2.1　井控设计要求

（1）井下作业地质设计、工程设计、施工设计均应有作业井控要求、井控措施等具体内容，在保证井控安全的情况下考虑气层保护。

（2）井控措施应该充分考虑区域地质特点、井筒现状以及井口周边地面环境，绘制单井作业布置图和逃生通道示意图。

（3）严格按照井控有关规定落实设计审批制度。

2.2　设计单位和设计人员的资质管理

（1）从事储气库生产和井下作业工程设计单位及相关专业化施工单位，应持有相应级别设计资质。

（2）储气库作业井地质设计、工程设计由单位井控负责人编写；储气库注采气井大修、其他复杂措施，以及气层改造井和新工艺、新工具试验等大型作业施工的工程设计由具有相关设计资质的研究院编写。

（3）储气库注采气井维护作业设计的设计人员，要求具有两年以上现场工作经验和技术员以上任职资格。

（4）大修和其他复杂措施井及气层改造，以及新工艺、新工具试验等大型作业施工的工程设计人员要求具有3年以上相关专业现场工作经验和工程师以上任职资格。

2.3　作业地质设计中应包含的井控内容

（1）应提供储气井地质资料、井身结构资料、相邻井的地质及产能资料、地层压力资料（如果没有地层压力资料，要提供邻井同层位最近的压力资料）、气油比及其他有害气体含量等。

（2）明确地质预告。

2.4　作业工程设计中应包含的井控内容

（1）应根据地质设计、作业井史资料及要求编写，提供目前井下套管技术状况、抗内压强度等参数。

（2）工程设计应充分考虑井控要求，应明确压井液的类型、性能和用量。

压井液密度应以目前生产层或拟射地层最高压力为设计基准，根据地层压力预测的准确度，以及预测的有害气体情况选择附加值。附加值可按下列两种原则之一来确定：

①附加密度：气井为 $0.07 \sim 0.15\text{g/cm}^3$。

②附加压力：气井为 $3.0 \sim 5.0\text{MPa}$。

地层压力低，无法建立循环而又不能保持井筒常满状态的，应根据所测井筒动液面情况确定灌液量，满足井控需要。

（3）根据目前地层压力，明确本井最大关井压力，确定井控装置压力等级，满足关井要求。

（4）下井工具选择应考虑各种技术参数，满足井控要求。

（5）对井场周围一定范围内的居民住宅、学校、厂矿等工业与民用设施应进行现场勘察、标注说明，提出相应的防范要求。

（6）对于不压井作业等井控新工艺应进一步核查工艺的可行性、适用性和安全性，深入做好井控工艺性能分析。

2.5　井下作业施工设计中应包含的井控内容

（1）井下作业施工设计应根据地质设计、工程设计、作业井史资料及要求编写，明确压井方式，确定井控装置组合，有相应工序井控措施。

（2）周边环境现场复核，必要时发布防控告示，井场布置应满足突发情况下的应急需要。

（3）地质设计、工程设计、施工设计、井控应急预案，以及变更设计的编写、审核、审批程序按照有关规定执行，未经审批一律不准开工和施工。

（4）组织方案审查时，应有储气库和运行单位安全管理部门人员参与审查井控相关内容。

2.6　施工前井控准备

（1）地质设计、工程设计、施工设计、井控应急预案及变更设计经审批后送达施工现场；施工队要做到地质状况清、井筒状况清、井史清、井控要求清。

（2）施工现场常用井控装置配套齐全；旋塞备有两套，并有试压合格记录。

（3）开工验收和起下管柱前应安装防喷器，要符合相关要求，动管柱作业一律安装剪切闸门。

（4）现场备好单井监督记录台账，明确开工验收条款，落实地质、工程、安全和井控应急预案交底，完工后有单井承包商的施工评价。

2.7　作业过程井控管理要求

（1）动管柱前应根据设计要求进行洗压井作业；起下管柱施工过程中保持井筒内液柱压力略大于地层压力，发现溢流立即实施关井。

（2）起下带有大直径工具的管柱时，应控制起下钻速度，减少压力波动。

（3）等停时要及时关闭防喷器，油管装旋塞及压力表；长时间等停时，应安装采气树。

2.8　气层改造

（1）气层改造施工应下入封隔器保护套管和井口，最高压力不能超过套管抗内压强度和井口装置额定工作压力的 80%。

（2）更换井口前应根据设计要求压井，并在施工过程中连续灌注压井液，保持液柱压力，要有专人观察井口；采取套管封堵工艺，确保坐卡封堵和解封安全方便、试压合格。

（3）作业施工过程中一旦发生井喷、井喷失控、有毒气体超标等险情，立即启动应急预案。

2.9 射孔作业过程井控管理要求

（1）采用油管传输射孔。

（2）下枪身前，核实地下情况、井场设施的布置及井口防喷装置安装试压情况；作业队在校深完毕后，应及时安装采气树并紧固所有井口螺栓。

（3）投棒前，施工方应向监督提出射开油气层申请，经现场监督确认同意并签字备案后，方可进行投棒作业。投棒后，密切观察井口情况，发现有井喷预兆，应立即准备进站事宜。

项目七　检测与评价

1　项目简介

通过对井口装置、井筒检测，以及对环空压力诊断与评价，对注采井装置的技术性能指标进行评价，以满足现场井控技术要求。

2　项目内容

2.1　井口装置检测与评价

（1）注采井投产后，5年内应对井口装置进行首次检测。根据上次（或首次）检测结果和生产工况决定下次检测时间，两次检测时间间隔不应超过10年。

（2）检测项目包括外观检查、壁厚检测、缺陷检测、密封性检测等，有需要时可进行表面硬度检测。

（3）对气体流动方向发生改变的部位、采气通道过流截面发生改变的部位及外部存在腐蚀环境的部位，应进行重点检测。

2.2　井筒检测与评价

（1）注采井投产后，5年内应对井筒进行首次检测。根据上次（或首次）检测结果和生产工况决定下次检测时间，两次检测时间间隔不应超过10年。

（2）检测项目包括油套管腐蚀检测、固井质量检测及密封性检测，套管和固井质量检测宜在修井作业时进行。

（3）应每年进行一次油套环空保护液液面检测，根据液面变化情况及时采取措施。

（4）油套管检测评价执行相关规定，固井质量检测结果评价执行相关规定。

2.3　环空压力诊断与评价

（1）当环空压力出现异常变化时，应结合井筒温度环境变化、环空液面测试结果、环空压力变化及泄放测试等资料，综合分析判断变化原因。

（2）根据储气库的地层压力与2.1和2.2的检测结果，按照相关规定，分别确定A环空和其他环空的最大许可压力。

模块四　应急器材使用

项目一　手提式干粉灭火器使用

1　项目简介

干粉灭火器是一种以磷酸铵盐为基料的干粉，它具有中断火焰燃烧链反应的作用。另外，它与火焰接触后，能在燃烧物表面产生一层多聚磷酸盐物质（如五氧化二磷），按使用量的多少形成一定厚度的玻璃层状产生物，产生物渗透到可燃物的气孔内，阻止空气与可燃物接触，起到防火层的作用。磷酸铵盐分解放出的氨对火焰也能起类似海伦1301那样的均相负催化作用，能使燃烧物表面碳化，碳化层可减缓燃烧，降低火焰温度。

2　操作前准备

2.1　劳保穿戴整齐

穿戴标准配置的劳保用品：安全帽帽壳、帽箍、顶带完好，后箍、下颚带调整松紧合适、固定可靠，女同志头发盘于帽内；工衣袖口、领口扣子扎紧；工鞋大小合适，鞋带绑扎松紧合适、不落地。

2.2　操作前的检查和确认

检查灭火器的压力表指针在绿色区域，铅封、销钉、喷粉管及喷嘴无缺损、堵塞和老化松动，筒体无锈蚀，灭火器在有效期内。

3　操作步骤

（1）将灭火器手提或肩扛至着火点，在上风口4～5m处上下颠倒几次。

（2）撕下铅封，拔下销钉，一手握紧喷嘴，一手按下压把，对准火焰根部，由近至远横向扫射将火扑灭。

（3）检查确认。

（4）清理现场，填写记录。

4　操作要点

（1）使用前将灭火器上下颠倒几次，以利于干粉射出。

（2）磷酸铵盐干粉灭火器一经打开启用，不论是否用完均须再次充装。充装时，禁止变换品类。

（3）灭火要彻底，不留残火，以防复燃。

（4）将使用过的灭火器按规定注明已被使用，并放到指定位置。

5　安全注意事项

（1）对液体火灾，禁止直接对准液面扫射，以免液体溅出伤人。

（2）高压电设备带电灭火时，应注意灭火器的机体、喷嘴及人体与带电体保持相当的距离。

项目二　推车式干粉灭火器使用

1　项目简介

推车贮压式ABC干粉灭火器内部装有磷酸铵盐干粉灭火剂和氮气，适用于扑灭可燃固体、可燃液体、可燃气体与带电设备的初起火灾。广泛用于工厂、仓库、船舶、加油站、配电房、车辆等场所。

2　操作前准备

2.1　劳保穿戴整齐

穿戴标准配置的劳保用品：安全帽帽壳、帽箍、顶带完好，后箍、下颚带调整松紧合适、固定可靠，女同志头发盘于帽内；工衣袖口、领口扣子扎紧；工鞋大小合适，鞋带绑扎松紧合适、不落地。

2.2　操作前的检查和确认

检查灭火器的压力表指针在绿色区域，铅封、销钉、喷射软管及喷嘴无缺损、堵塞和老化松动，筒体无锈蚀，轮子灵活，灭火器在有效期内。

3　操作步骤

（1）将灭火器迅速拉到或推到火场，在上风口10m处停下，将灭火器放稳。

（2）一人取下喷管，迅速展开喷射软管，然后一手握住喷枪枪管，另一人拔出开启机构上的保险销，扣动扳机，将喷嘴对准火焰根部，由近至远横向扫射将火扑灭。

（3）检查确认。

（4）清理现场，填写记录。

4　操作要点

（1）推车式干粉灭火器的操作一般应由两人完成：一人操作喷枪接近火源扑灭火灾，另一人负责开启灭火器阀门并移动灭火器。

（2）磷酸铵盐干粉灭火器一经打开启用，不论是否用完，均须再次充装。充装时，禁止变换品类。

（3）灭火要彻底，不留残火，以防复燃。

（4）将使用过的灭火器按规定注明已被使用，并放到指定位置。

（5）干粉灭火器的喷射时间及射程：

①MF8喷射时间≥12s，有效射程≥5m。

②MFT35喷射时间≥15s，有效射程>8m。

③MFT50喷射时间≥20s，有效射程>9m。

5　安全注意事项

（1）对液体火灾，禁止直接对准液面扫射，以免液体溅出伤人。

（2）高压电设备带电灭火时，应注意灭火器的机体、喷嘴及人体与带电体保持相当的距离。

项目三　二氧化碳灭火器使用

1　项目简介

二氧化碳灭火器利用所充装的液态二氧化碳喷出灭火，由筒体、瓶阀、喷射系统等部件构成。

2　操作前准备

2.1　劳保穿戴整齐

穿戴标准配置的劳保用品：安全帽帽壳、帽箍、顶带完好，后箍、下颚带调整松紧合适、固定可靠，女同志头发盘于帽内；工衣袖口、领口扣子扎紧；工鞋大小合适，鞋带绑扎松紧合适、不落地。

2.2　操作前的检查和确认

（1）检查确认灭火器的质量在规定范围内。

（2）检查确认铅封、销钉、喷射软管或喇叭筒无缺损、堵塞和老化松动，筒体无锈蚀，灭火器在有效期内。

3　操作步骤

（1）将灭火器提到起火地点。

（2）放下灭火器，拔出保险销，一只手握住喇叭筒根部手柄，另一只手紧握启闭阀压把。对无喷射软管的二氧化碳灭火器，应将喇叭筒往上扳70°~90°。

4　操作要点

（1）称出的质量与灭火器钢瓶肩部打的钢印总质量相比低50g时，或者二氧化碳质量比额定质量减少1/10时，应及时充装二氧化碳。

（2）二氧化碳灭火器用来扑灭图书、档案、贵重设备、精密仪器，以及600V以下电气设备和油类的初起火灾。

（3）二氧化碳灭火器适用于扑救B类火灾，如煤油、柴油、原油、甲醇、乙醇、沥青、石蜡等火灾。

（4）二氧化碳灭火器适用于扑救C类火灾，如煤气、天然气、甲烷、乙烷、丙烷、氢气等火灾。

（5）二氧化碳灭火器适用于扑救E类火灾（物体带电燃烧的火灾），不适用于扑救金属火灾。

5　安全注意事项

（1）使用时，禁止用手抓住喇叭筒外壁或金属连接管，防止手被冻伤。

（2）在室外使用的，应选择上风方向喷射。在室内窄小空间使用时，灭火后应迅速离开，以防窒息。

（3）扑救电器火灾时，若电压超过600V，切记应先切断电源再灭火。

（4）扑救棉麻、纺织品火灾时，应注意防止复燃。

模块五 现场急救

项目一 正压式空气呼吸器操作

1 项目简介

正压式空气呼吸器是以压缩空气为供气源的隔绝开路式呼吸器。当打开气瓶阀时，贮存在气瓶内的高压空气通过气瓶阀进入减压器组件，同时压力显示组件气瓶空气压力。高压空气被减压为中压，中压空气经中压管进入安装在面罩上的供气阀。供气阀根据使用者的呼吸要求，能提供大于200L/min的空气。同时，面罩内保持高于环境大气的压力。当人吸气时，供气阀膜片根据使用者的吸气而移动，使阀门开启，提供气流；当人呼气时供气阀膜片向上移动，使阀门关闭，呼出的气体经面罩上的呼气阀排出；当停止呼气时，呼气阀关闭，准备下一次吸气。这样就完成了一个呼吸循环过程。

正压式空气呼吸器由气瓶总成、减压器总成、供气阀总成、面罩总成和背架总成5个部分组成。如图4-5-1所示。

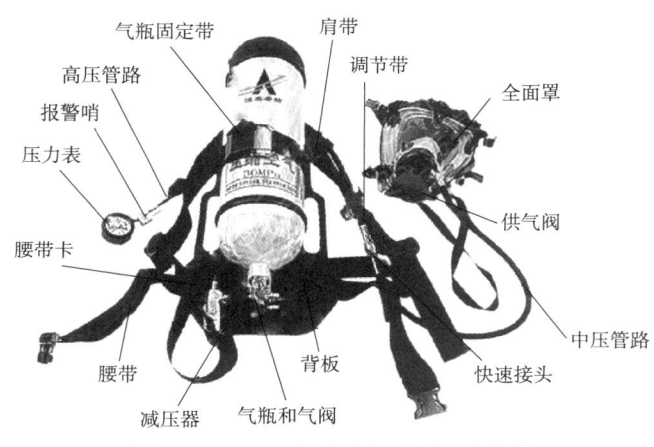

图4-5-1 正压式空气呼吸器结构图

2 操作前准备

2.1 劳保穿戴整齐

穿戴标准配置的劳保用品：安全帽帽壳、帽箍、顶带完好，后箍、下颚带调整松紧合适、固定可靠，女同志头发盘于帽内；工衣袖口、领口扣子扎紧；工鞋大小合适，鞋带绑扎松紧合适、不落地。

2.2 工具、用具准备

准备正压式空气呼吸器、酒精和棉签等。

2.3 操作前的检查和确认

（1）外观检查。气瓶确认无划痕、无破损；背架、背带牢固可靠；面罩无破损，橡胶件无老化。

（2）压力检查。气瓶手轮开两圈以上，气瓶内空气压力应为27~30MPa，低于此压力应充气并汇报。

(3)气密性检查。打开气瓶阀开关,观察压力表的读数,稍后关闭。在 1min 内压力下降不大于 2MPa。

(4)报警器检查。缓慢按下呼吸控制阀的按钮,压力低于 5.5MPa ± 0.5MPa 报警,若不报警禁止使用。

3 操作步骤

3.1 佩戴

(1)弯腰将双臂穿入肩带。

(2)双手抓住气瓶背板,缓慢将气瓶举过头顶,背在身后。

(3)拉紧肩带,固定腰带。

(4)由下而上戴上面罩。

(5)收紧面罩系带,用手堵住进气口用力呼吸,确定面罩气密性良好。

(6)打开气瓶阀,连接供气阀与面罩,深呼吸,感觉舒畅即使用正常。

3.2 脱卸

(1)松开面罩系带,摘下面罩,关闭气瓶阀。

(2)先松腰带,再松肩带,卸下呼吸器。

(3)放空供气管路内余气,压力表指针回零。

(4)面罩用酒精清洗后放回专用箱中。

4 操作要点

(1)背戴气瓶时应将气瓶阀向下,通过拉肩带上的自由端调节气瓶的上、下位置和松紧,直到感觉舒适为止。

(2)插上塑料快速插扣,腰带系紧程度以舒适和背托不摆动为宜。

(3)把下巴放入面罩,由下而上拉上头网罩,将网罩两边的松紧带拉紧,使全面罩双层密封环紧贴面部。

(4)面罩密封检查时用手按住面罩接口处,通过吸气检查面罩密封是否良好。

(5)装供气阀时应将供气阀上的接口对准面罩插口,用力往上推,当听到咔嚓声时,安装完毕。

(6)检查仪器性能时要完全打开气瓶阀,此时,应能听到报警哨短促的报警声,否则,报警哨失灵或者气瓶内无气。同时,观察压力表读数。通过几次深呼吸检查供气阀性能,呼气和吸气都应舒畅、无不适感觉。

(7)面罩橡胶件有老化、损坏现象,应及时更换。

(8)每月应对正压式空气呼吸器进行一次全面检查。

(9)压力表应每年进行一次校正。

5 安全注意事项

(1)使用前必须按步骤检测呼吸器是否正常,否则将有可能给使用者带来生命危险。

(2)正压式空气呼吸器及其零部件应避免阳光直接照射,以免橡胶老化。

(3)严禁接触油脂。

(4)空气瓶严禁充装氧气,以免发生爆炸。

(5)正压式空气呼吸器不宜作潜水呼吸器使用。

(6)使用过程中必须确保供气阀打开两圈以上。

（7）必须经常查看气瓶气源压力表，一旦发现高压表指针快速下降或发现不能排除的漏气时，应立即撤离现场。

（8）使用中感觉呼吸阻力增大、呼吸困难、出现头晕等不适现象，以及其他不明原因时应及时撤离现场。

（9）使用中听到残气报警器哨声后，应尽快撤离现场（到达安全区域时，迅速卸下面罩）。

（10）在作业过程中供气阀发生故障不能正常供气时，应立即打开旁通阀做人工供气，并迅速撤出作业现场。

6　常见故障及处理

正压式空气呼吸器常见故障及处理见表4－5－1。

表4－5－1　正压式空气呼吸器常见故障及处理

序号	故障现象	可能原因	处理方法
1	哨声不正确	哨子脏	清洁并重新安装
2	安全减压阀泄漏	减压器有故障	将减压器送回厂家
3	面罩泄漏	密封圈有问题或未安装或O形圈连接有问题	安装或更换密封圈或O形圈
		呼气阀泄漏	清洁或重新装配
4	高压泄漏	检查连接的紧固程度	按需拉紧
		检查软管连接的密封	按需更换密封件
5	吸气泄漏（不断泄漏）	O形圈磨损	更换
		平衡活塞有故障	送回厂家维修
		隔膜未正确安装	重新正确安装
		旁路旋钮接通	关闭旁路旋钮

项目二　心肺复苏

1　项目简介

心肺复苏，简称CPR，主要针对骤停的心脏和呼吸采取的救命技术。心肺复苏的目的是恢复患者自主呼吸和自主循环。

心肺复苏是在危及生命的紧急情况下，快速对病人进行急救。一旦发现患者出现呼吸、心跳骤停，要求在最短时间内对患者进行心肺复苏。如果患者呼吸循环停止超过4min，可能引起大脑不可逆损伤，造成不良后果。

2　操作前准备

操作前的检查和确认如下：

（1）及时观察现场周边环境情况，确认安全。

（2）在安全区域迅速联系专业急救人员，并简短描述现场情况。

3　操作步骤

3.1　判断意识和求救

（1）轻拍患者面部或肩部，并大声呼唤，如无反应，说明意识已丧失。然后高声呼救，呼唤他人前来帮助，拨打120急救电话。

(2)摆好体位，使患者仰卧在坚实的平面上，头部不得高于胸部。如患者俯面，则必须将患者的头、肩、躯干作为一个整体同时翻转而不使其扭曲。

(3)判断呼吸及脉搏，10s内完成。

3.2　开放气道

(1)清除气道及口内异物时应使头部偏向一侧，液体状的异物可顺位流出。

(2)打开气道时救护者一只手置于患者前额，手掌后压使头后仰，另一只手食指、中指置于患者下颌骨，向上抬举，举高程度以唇齿未完全闭合为限。

3.3　胸外心脏按压

(1)救护者立于或跪于患者右侧，一手掌根部置于按压点(胸骨中下1/3交界处的正中线上或剑突上2.5~5cm处)，另一手掌根部放于前者手背上，手指翘起或双手手指交叉互相握持抬起，两臂伸直，凭自身重力通过双臂和双手掌，垂直向胸骨加压，然后放松，但掌根不能离开按压处。

(2)按压与松开的时间比为1:1，推荐频率为100次/min。胸外按压与人工呼吸比例为30:2(每做30次心脏按压后，人工呼吸2次，反复交替进行)。

3.4　人工呼吸

(1)口对口(鼻)人工呼吸最适用于现场复苏。

(2)救护者用手捏住患者鼻孔，深吸气后将口唇严密包盖患者口部，并缓慢持续地向患者口腔吹气，每次应达1s以上，确保每次吹气后患者胸部抬举。

3.5　判断患者恢复情况

(1)复苏的成功与终止。进行心肺复苏后，病人瞳孔由大变小，脑组织功能开始恢复(如挣扎、肌张力增强，有吞咽动作等)，能自主呼吸，心跳恢复，紫绀消退等，可认为心肺复苏成功。

若经过约30min的心肺复苏抢救，不出现上述表现，预示复苏失败。

(2)在医务人员没接替抢救之前，现场人员禁止放弃现场急救。

4　操作要点

(1)胸外心脏按压，位置在两乳头连线中点，也就是胸骨中下1/3处。

(2)用左手掌根部紧贴病人的胸部，两手重叠，左手五指翘起，双臂伸直，用上身力量用力按压30次。

(3)使其头部尽量后仰，捏紧患者鼻孔，均匀向患者口中送气至少1s。

(4)以心脏按压、人工呼吸次数30:2的比例进行，操作5个周期，持续2min高效率的CPR，判断复苏是否有效。

5　安全注意事项

(1)若施救者不愿对病人进行口对口人工呼吸，可给予病人不间断地持续胸外按压，直到患者恢复呼吸、心跳或专业急救人员到达现场。

(2)高质量的胸外按压对心脏骤停患者极为重要，其操作要点包括按压深度要达5cm以上、按压速度至少100次/min、按压后让胸廓完全回弹、减少按压中断、避免过度通气。

(3)胸部外伤的患者不适合进行心肺复苏。当发生车祸或坠落时，由于存在肺挫伤、裂伤及开放性伤口等，都不适合胸外按压，这可能造成严重出血、张力性气胸或感染等的发生。

(4)中枢性疾病患者不适合进行心肺复苏。当怀疑患者(伤员)为脑出血、急性颅脑损伤时，也不能采取心肺复苏。判断方法是观察患者(伤员)瞳孔的反应，当瞳孔见光亮即收缩，表明血液中有足够氧气，且可以流入脑部；若瞳孔见光亮毫无反应，仍然散大，表明脑部有严重损伤，要立即终止心肺复苏。

(5)心包填塞患者不适合进行心肺复苏。常见病因如心肌梗死导致的心脏破裂、主动脉夹层根部破裂引起大量血液流入心包等。这类人群通常存在既往病史，发病时迅速转为休克状态，而胸外按压会造成进一步出血，有致命风险。

项目三　触电现场急救

1　项目简介

随着电气设备和家用电器的应用越来越广，人们发生触电击伤事故也相应增多。人触电后，电流可能直接流过人体的内部器官，导致心脏、呼吸和中枢神经系统机能紊乱，形成电击或者电流的热效应、化学效应和机械效应，对人体的表面造成电伤。无论是电击还是电伤，都会带来严重的伤害，甚至危及生命。因此，触电的现场急救方法是必须熟练掌握的急救技术。

2　操作前准备

2.1　工具、用具准备

准备急救药箱、电工钳、木把手斧、木棍等绝缘工具。

2.2　操作前的检查和确认

(1)及时观察现场周边环境情况，确认安全。

(2)在安全区域迅速联系专业急救人员，并简短描述现场情况。

3　操作步骤

(1)迅速联系专业救护人员。

(2)设法关闭电源或使受伤者脱离危险地带。

(3)对伤者进行现场急救。

4　操作要点

4.1　使触电者脱离电源注意事项

(1)切断电源开关，或者用电工钳、木把手斧将电源线截断。

(2)如果距电源较远，可用干燥的木棍、竹竿等挑开触电者身上的电线或带电设备。

(3)可用几层干燥的衣服将手裹住或站在干燥的木板上，再用手拉触电者的衣服。

(4)如果触电者在高压设备上，为使触电者脱离电源，应立即通知有关部门停电或用相应等级的绝缘工具拉开关、切断电线，或投掷裸体金属线使线路短路接地，迫使继电保护装置动作，切断电源。

4.2　触电者脱离电源以后，视触电轻重采取措施

(1)伤者不严重，神志还清醒，只是四肢麻木、全身无力，或者一度昏迷，但未失去知觉，都要使之就地安静休息1~2h，并做严密观察。

(2)伤者较为严重，无知觉、无呼吸，但心脏有跳动，应立即进行人工呼吸。如有呼吸，但无心跳，则应采取人工体外心脏按压法。

(3)伤者严重，心跳和呼吸都已停止，瞳孔扩大失去知觉，须同时采取人工呼吸和人工体外心脏按压两种方法。人工呼吸尽可能坚持抢救6h以上，直到把人救活或者确诊已

经死亡为止，送医院途中不能中断抢救。

（4）对触电者严禁乱打强心针。

（5）在医务人员没接替抢救之前，现场人员不得放弃急救。

5　安全注意事项

（1）施救者进行施救时要做好绝缘防护。

（2）切断电源开关或应用电工钳、木把手斧等绝缘工具将电源线截断。

项目四　急性中毒现场急救

1　项目简介

大量毒物短时间内经皮肤、黏膜、呼吸道、消化道等途径进入人体，使机体受损并发生功能障碍，称为急性中毒。急性中毒是临床常见的急症，其病情急骤，变化迅速，必须尽快作出诊断与急救处理。

2　操作前准备

2.1　工具、用具准备

准备正压式空气呼吸器、急救药箱、担架、清水、肥皂等。

2.2　操作前的检查和确认

（1）及时观察现场周边环境情况，确认安全。

（2）在安全区域迅速联系专业急救人员，并简短描述现场情况。

3　操作步骤

（1）检查中毒区域的现场情况。

（2）迅速联系专业救护人员。

（3）转移中毒者至空气新鲜区域，进行现场急救。

4　操作要点和质量标准

（1）抢救者佩戴防护用品，将中毒者抬离工作点呼吸新鲜空气，松开伤员的衣领、内衣、裤带、乳罩，使患者仰卧，肺脏伸缩自如。

（2）注意患者身体的保暖。检查患者昏迷程度，患者出现深度昏迷要对其头颅周围进行降温。

（3）患者的呼吸道要通畅无阻，以使气体容易进出。清除口、鼻中的泥草、痰涕或其他分泌物，有活动的假牙应立即取出，以免坠入气管。

（4）对神志不清者应将头部偏向一侧，以防呕吐物吸入呼吸道引起窒息，有条件者立即上氧气，头置冰袋以减轻脑水肿。

（5）呼吸困难者应做人工呼吸、吸氧。心跳停止者应立即进行体外心脏按压，并立即请医生急救。

（6）除去污染物，脱去被有毒物污染的衣服。用大量的清水或肥皂水清洗被污染的皮肤。眼睛受毒物刺激时，可用大量的清水冲洗。

5　安全注意事项

（1）安全起见，在无法确定原因的情况下，尤其是化学中毒，禁止口对口呼吸。

（2）抢救者个人防护用品佩戴不齐全，禁止进入中毒区域施救。

（3）抢救者在中毒区域施救过程中，应注意现场环境变化，防止再次出现伤害。

模块六　井控应急处置

项目一　作业时发生井喷应急处置

1　项目简介

作业时发生井喷应按井喷事故管理制度要求逐级上报,启动井喷应急预案;同时,迅速收集现场信息,核实现场情况,制定和实施处置方案,隔离事故现场,抢救伤亡人员,撤离无关人员和群众;协调现场内外各应急资源,实施人员搜救和医疗救助。

2　抢险内容

2.1　井喷抢险

(1)井喷时,迅速关闭井场范围内的所有引火源。

(2)迅速封闭事故现场,撤离无关人员至安全范围,禁止无关人员进入现场,实行交通管制。

(3)当发生井喷时,视具体情况,架设足够的防爆通风设备,降低可燃气体爆炸浓度。

(4)条件允许时,尽可能撤离现场能够撤离的设备。

(5)抢险人员应正确穿戴劳保防护用具。

(6)井场四周设立围堤,将喷出物引流至合适位置,减少环境污染。

(7)制定详细的抢险及救援方案,实施前,按要求进行技术交底,并进行模拟演练。

(8)针对井喷的不同情况采取有效抢险措施,实施关井。

(9)测压并结合本区块相关资料,选用合适配方的压井液,实施压井作业。

2.2　井喷失控并伴有有毒有害气体逸散时抢险

(1)发出有毒有害气体逸散报警信号,切断引火源。

(2)迅速封闭事故现场,抢救受伤人员,划分隔离区、疏散区和安全区。

(3)设置风向标和逃生标识牌,疏散现场及周边无关人员至安全区。禁止无关人员进入现场,实行交通管制。

(4)根据现场风向,按要求布点监测有毒和可燃气体浓度。

(5)条件允许时,尽可能撤离现场能够撤离的设备。

(6)井场四周设立围堤,将喷出物引流至合适位置,减少环境污染。

(7)抢险人员应正确穿戴防护服,佩戴正压式空气呼吸器等防护用具。

(8)制定详细的抢险及救援方案,实施前,按要求进行技术交底,并进行模拟演练。

(9)现场人员及周边公众生命受到威胁,以及井口失控、撤离现场设备、设施无望时,在保证人员安全的情况下,现场应急指挥应及时发出点火指令。

(10)条件允许时,迅速组织应急救援队伍完善并恢复井口装置。

(11)测压并结合本区块相关资料,选用合适配方的压井液,实施压井作业。

2.3　井喷失控并引发火灾、爆炸时抢险

(1)被火围困时要冷静,首先要观察判明火势,利用防护器具或湿毛巾、湿衣物等做简单防护,选择安全可靠的最近路线,俯身穿过烟雾区,尽快离开危险区域。

（2）身上衣服着火，应迅速将衣服脱下或就地翻滚或迅速跳入水中，把火压灭或浸灭，实施自救。

（3）无法自行逃脱时，可呼喊或用非金属物体敲击管线、设备或挥动衣物等方法向其他人员求救。

（4）被困人员在烟雾中辨不清方向或找不到逃生路线时，其他人员应帮助其快速脱险。

（5）对于受伤人员，除了在现场进行紧急救护，还应及时送往医院治疗。

（6）迅速封闭事故现场，抢救受伤人员，划分隔离区、疏散区和安全区。

（7）疏散现场及周边无关人员至安全区，禁止无关人员进入现场，实行交通管制。

（8）迅速排查周围危险源，采取有效保护措施，防止事态扩大。必要时，按现场条件建立防火墙。任何作业都必须两人以上同行，指定作业人员和监护人员。

（9）关停区块内对应的油藏利用注水井，尽可能降低地层压力。

（10）条件允许时，尽可能撤离现场能够撤离的设备。

（11）井场四周设立围堤，将喷出物引流至合适位置，减少环境污染。

（12）灭火人员应正确穿戴防护服和佩戴防毒面具等防护用具。

（13）制定详细的灭火抢险及救援方案，实施前，按要求进行技术交底，并进行模拟演练。

（14）条件具备时，迅速组织抢险灭火力量进行灭火，完善并恢复井口装置。

（15）灭火时，应"先救人后救火""先控制火势后灭火"。

（16）根据火势选择合适的灭火方案。根据火势情况可分别采用密集水流法、大排量高速气流喷射法、引火筒法、快速灭火剂灭火法、空中爆炸法以及打救援井等方案进行灭火。

（17）测压并结合本区块相关资料，选用合适配方的压井液，实施压井作业。

项目二　环空带压井口泄漏应急处置

1　项目简介

环空带压一方面增大了注采井管理难度，另一方面也存在一定的安全风险。环空带压成为威胁储气库安全的重要隐患。一旦发生泄漏，必须采取相应的处置措施，才能降低风险，保障安全。

2　处置流程

2.1　低风险环空带压井口泄漏处置流程

低风险条件下，即环空压力＜完井预留压力＋5MPa的情况下，环空带压可能为封闭环空中流体因热膨胀的温度效应引起的带压，属于正常带压。在有环空保护液渗漏，且无气体泄漏的情况下可通过紧固螺纹的方式进行处置。

该工况也有可能为环空气体轻微渗漏，可通过制作法兰卡具临时堵漏，环空气体泄压后通过紧固螺栓的方式进行处理，可视情况启动四级应急响应。

2.2　中风险环空带压井口泄漏处置流程

这种情况的原因为井屏障元件（油管、套管、井下安全阀、封隔器、循环滑套等）有一定程度的泄漏，但仍然发挥作用。可根据实际情况采取临时措施。根据环空带压保护液界面深度制定相应的临时处置措施。

（1）若环空带压保护液液面在初始值附近，则原因可能为井口密封不严，可将环空保护液泄压至允许范围内，然后采用紧固螺栓的方式进行处理。

（2）若环空保护液较初始界面下降，则可能原因为油套管丝扣、井下安全阀、封隔器、循环滑套等出现渗漏，但仍处于投用状态，可采用循环注环空保护液的方式进行处理。

（3）中风险环空带压井口泄漏条件下，可协调外部单位进行处理并启动三级应急响应，经过评估后若现场无法进行有效处置，则启动二级应急响应。

2.3　高风险及高危风险环空带压井口泄漏处置流程

高风险及高危风险环空带压条件下，可能原因为井口密封装置失效，或者封隔器、安全阀失效，滑套打开，油套管腐蚀穿孔等。该种情况下须采用循环压井或者平推法压井的方式进行应急处置，并选择合适的时机根据井屏蔽元件失效情况进行大修作业。

该情况下可协调外部单位进行处理并启动三级应急响应，经过评估后如果现场无法进行有效处置，则启动二级应急响应。

项目三　井喷失控应急处置

1　项目简介

发生井喷后应采取措施控制井喷，一旦发生井喷失控，应立即启动井喷失控应急预案，根据失控状况制定抢险方案，统一指挥、组织和协调抢险工作。抢险中每个步骤实施前，均应进行技术交底或模拟演习。

2　处置措施

2.1　井口失控应严防着火

（1）井喷失控后应立即停车、停电，熄灭火源，组织警戒。

（2）尽快将易燃、易爆物品撤离危险区。

（3）迅速做好储水、供水工作，并尽快用消防水龙带和消防水枪向天然气喷流口和井口周围设备喷水降温，保护井口装置，防止着火或事故继续恶化。

（4）发生井喷失控后，应设置观察点，定时取样，测定井场各观察点天然气、二氧化碳含量，划定警戒区和临时安全地，建立就地庇护所，加强警戒。

（5）井喷失控后，预测井口压力可能超过井控装置所允许的工作压力，应采取放喷降压和相应处理措施，放喷应点火。

2.2　弃井点火程序

井喷失控后，在人员生命受到巨大威胁或预测环境将受到重大污染时，在失控井无希望得到控制的情况下，应按抢险作业程序对井口实施弃井点火。弃井点火程序的相关内容应在应急预案中明确。

（1）点火人员应佩戴防护器具，并在上风方向，离火口距离不少于 30m 的地方点火，点火时应有人在旁进行监护。

（2）点火后应对下风向尤其是井场生活区、周围居民区、医院、学校、集镇等人员聚集场所的气体浓度进行监测。

3　安全注意事项

（1）井喷失控井场内的处理作业应尽量避免在夜间和雷雨天进行，以免发生抢险人员伤亡事故，或因操作失误使处理工作复杂化；施工的同时，应避免在现场进行干扰施工的其他作业。

（2）严格控制污染物外排，应有专人负责环境监测。

（3）井喷失控后，应立即成立企地联合指挥所，统一协调工作。

（4）注采井井喷失控过程中要做好人身安全防护。抢险人员应根据需要配备护目镜、阻燃衣、防水服、防尘口罩、防辐射安全帽、手套、便携式可燃气体监测仪、正压式空气呼吸器和耳塞等防护用品，以避免烧伤、窒息、中毒、噪声等伤害。

模块七　井控典型异常情况处理

项目一　储气库事故统计与分析

1　项目简介

储气库事故统计与分析是一个复杂却至关重要的工程，它对于确保储气库的安全、稳定运行具有重要意义。

2　事故统计与分析

2.1　事故统计

储气库事故在全球范围内均有发生，主要类型包括气体泄漏、爆炸和火灾等。这些事故往往造成人员伤亡、财产损失和环境污染等严重后果。具体事故数量因统计时间和范围的不同而有所差异，但总体趋势表明，储气库事故发生率虽然相对较低，但一旦发生，其影响往往十分巨大。

以盐穴型地下储气库为例，根据相关文献统计，世界范围内盐穴型地下储气库发生过数起事故。在这些事故中，有的造成了人员伤亡，有的则导致了大量气体的泄漏。此外，枯竭油气藏型地下储气库也发生过多起事故，主要类型包括注采井或套管损坏、气体迁移和储气库地面设施失效等。

2.2　事故分析

储气库事故的原因多种多样，主要包括以下四个方面。

2.2.1　地质灾害与地层应力

地质灾害如地震、断层活动等可能导致储气库井筒损坏或气体泄漏。同时，地层应力的变化也可能对储气库的稳定性造成影响。

2.2.2　腐蚀与盐岩蠕变

储气库设备长期暴露在地下环境中，容易受到腐蚀的影响。此外，盐岩蠕变也可能导致储气库腔体收缩，储气能力下降。

2.2.3　设备故障与人为操作失误

储气库设备的故障或人为操作失误也是导致事故发生的重要因素。例如，注采井管柱破裂、井口装置失效等都可能引发气体泄漏或爆炸等事故。

2.2.4　气体迁移

在枯竭油气藏型地下储气库中，气体迁移是一个常见的问题。由于固井不良或套管锈蚀的老井存在气体渗漏通道，气体可能沿着这些通道泄漏到地表，造成安全事故。

3　储气库事故预防措施

为了降低储气库事故的发生率，需要采取一系列预防措施。

3.1　加强地质勘探与监测

在储气库选址和建设过程中，应加强对地质条件的勘探和监测，确保储气库位于稳定的地质环境中。

3.2　提高设备耐腐蚀性和稳定性

选用耐腐蚀性强、稳定性好的设备材料，并定期对设备进行维护和检查，确保其处于良好运行状态。

3.3　完善操作规程与培训

制定完善的操作规程，并对操作人员进行严格的培训和考核，确保其能够正确、熟练地操作设备。

3.4　加强气体迁移监测与防控

对于枯竭油气藏型地下储气库，应加强气体迁移的监测和防控，及时发现并处理潜在的安全隐患。

综上所述，储气库事故统计与分析对于确保储气库的安全、稳定运行具有重要意义。通过加强事故原因分析和预防措施的制定与实施，可以有效降低储气库事故的发生率，保障人民生命财产安全和环境安全。

项目二　封堵井起压

1　项目简介

为有效满足封隔储气库目的层，保证目的层与其上、下部油气层管外不窜气且井筒不漏气的要求。需要采用挤注法封井提高封堵效果。但是，在实际生产运行过程中，部分封堵井相继出现起压现象。

2　封堵井起压分析

2.1　一般起压井分析

×××井，2017年对套漏段及射孔段挤堵。施工过程中通过注入排量控制压力，压力缓慢上升，最高施工压力达25MPa，挤堵施工结束时，压力为25MPa，稳压15min，压力不降，拔出插管。施工后试压15MPa，30min压降≤0.5MPa，试压合格，达到工程对挤堵施工压力要求。

2017年进行两次封堵施工，采用了封堵体系配方。封堵射孔井段采用气层封堵体系水泥浆挤堵两次，试压均满足设计要求。

根据该井挤堵后试压情况，再加上起压幅度低且长时间维持稳定，可以排除由于施工质量引起的起压，分析认为主要是由井筒内防腐重泥浆脱气引发的起压。

2.2　特殊起压井分析

×××井自2018年井口首次出现压力显示以来，井口压力变化总体上呈先缓慢上升后保持平稳的趋势，其间，进行了井口考克取样，取样后迅速泄压并缓慢恢复，符合气相起压特征。其次，该井取样为气、液两相，但受气相试样量少的限制，未能分离化验。根据检测报告显示分析为钻井液。

2.2.1　压力源

（1）采油注水井。

×××井周围只有一口注气井，没有水井，离它最近的水井相距700m，已经超出水井500m控制范围，可以基本排除注水井的影响。

综合利用该井地震和测井资料，完成了地层划分。结果显示，该井未钻遇沙二、沙三上、中。而邻近的采油注水井主要集中在沙三中，可以排除×××井起压是由采油注水井引起的。

（2）先导试注井。

从先导试注井所在井区纵向上层系发育情况分析，发育完整，且无断层切割。

目前×××井所在的断块内仅有一口先导试注井，该井自试注以来，累计注气气量不大。根据该断块压降储量回归方程计算得到该断块目前平均地层压力，较注气前略有上升。

根据先导试注井历次试注井口注气最高压力，折算为井底流压，分析由于存在压降漏斗，传导至×××井裸眼段的压力已十分有限。

综上所述，邻井先导试注井现阶段不会直接导致×××井井筒起压。

2.2.2　压力传导途径

（1）经裸眼段至井筒。

该井下部为裸眼段，无套管和水泥环封隔，地层与井筒直接沟通，通过查阅该井井史，钻至裸眼段时发生过井涌和强烈井喷（气体），进一步证实两者连通。

（2）经水泥环 – 套管鞋至井筒。

该井技术套管下部井段固井质量以优为主，油层套管下部固井质量为优，连续优质胶结段远超过 25m，管外窜漏风险低。

（3）经水泥环 – 套漏处至井筒。

根据井史描述，×××井曾对技术套管井段进行过套铣，并打捞出套管皮 0.8m。分析该处可能存在套漏，且对应井段技术套管固井质量差。因此，存在经该路径泄漏的风险。

3　管控措施

3.1　建立验漏制度

为进一步消减天然气泄漏风险，强化验漏工作，加强每日巡检，发现问题及时整改。

为确保井口装置安全，选取额定压力的 0.8 倍作为放压值，当压力达到 28MPa 时，从压力表处放压。

3.2　隐患排查整改

每周开展一次隐患排查整改活动，将隐患消除在萌芽状态。

3.3　强化设备保养

定期对井口设备进行维护保养。

3.4　提升应急处置能力

强化现场应急处置演练，熟悉应急内容，掌握应急处置流程，提高应急处置能力。

项目三　环空窜气

某井下特种作业公司干部员工历经 81 天艰苦奋战顺利完成储气库×××井井口安装，挤堵封井后试压一次合格，这次施工终于堵住了储气库×××井这个环空窜气长达 5 年的"气窟窿"，消除了井控安全隐患。

储气库×××井是一口注采气井。在注气过程中发现技术套管、表层套管环空起压，近几年来，该问题经多次处置，一直未从本质上解决。

该井自 2012 年投产后，因盐层段地层蠕动导致油层套管变形、缩径严重，挤压原井注采管柱造成硬卡钻。

经测井数据分析，在油管卡点以下可能存在较长的多处套变。若在井内留有较多油管的情况下实施挤堵气层作业，则大概率会出现堵剂在井内凝固后"偏心"、进入产层堵剂量达不到完全封堵要求等隐患。

为此，储气库公司决定对该井实施封井处置作业。由某井下特种作业公司×××队具体实施，连夜进行了压井作业，其间仅放喷点火就持续 8h。随着近 10m 高的喷射火焰逐渐熄灭，鏖战 14h 成功完成压井。

因该井油管柱的丝扣连接极为松散，无法实现成串打捞，尤其在打捞原井油管过程中，盐层段油层套管内径由 154.78mm 缩径至 108mm，鱼顶位于变形点以下 40cm 处，铅模打印显示鱼顶紧贴油层套管壁，常规打捞工具根本无法进入落鱼内腔，打捞油管难度极大。通过地面模拟推敲措施方案，严密整合技术数据，定制加工打捞工具，保证了打捞一次成功。

附录　储气库井控技术学习导图

储气库井控技术学习导图见附表1。

附表1　储气库井控技术学习导图

岗位序列	工作职责	能力要求	学习内容模块	学习导航
专业技术	1.1 负责储气库井控风险识别工作	1.1.1 具备识别储气库井控分类的能力	1.1.1.1 井控定义	1－1－1
			1.1.1.2 井控分类	1－1－1
		1.1.2 具备识别注采井井控要素的能力	1.1.2.1 储气库井的风险	1－1－2
			1.1.2.2 储气库井控特点	1－1－2
		1.1.3 具备掌握注采井完井方式的能力	1.1.3.1 完井方式要求	1－1－3
			1.1.3.2 完井方式选择原则	1－1－3
			1.1.3.3 不同完井方式确定	1－1－3
		1.1.4 具备掌握注采井井位布局的能力	1.1.4.1 布局方式、原则	1－1－4
			1.1.4.2 质量要求	1－1－4
		1.1.5 具备分析井喷失控原因及危害的能力	1.1.5.1 井喷失控原因	1－1－5
			1.1.5.2 井喷失控危害	1－1－5
		1.1.6 具备掌握不同时期井控对策的能力	1.1.6.1 建设时期具体措施	1－1－6
			1.1.6.2 修井作业时期具体措施	1－1－6
			1.1.6.3 生产运营时期具体措施	1－1－6
	1.2 负责井下压力计算与分析工作	1.2.1 具备掌握井下各种压力基本概念的能力	1.2.1.1 压力释义	1－2－1
			1.2.1.2 相关压力公式	1－2－1
		1.2.2 具备掌握压力常用表示方法的能力	1.2.2.1 压力单位表示方法	1－2－2
			1.2.2.2 压力梯度表示方法	1－2－2
			1.2.2.3 当量密度表示方法	1－2－2
			1.2.2.4 压力系数表示方法	1－2－2
		1.2.3 具备掌握波动压力预防的能力	1.2.3.1 波动压力危害	1－2－3
			1.2.3.2 波动压力影响因素	1－2－3
			1.2.3.3 预防措施	1－2－3
	1.3 负责井内流体运移分析与处理工作	1.3.1 具备掌握气侵途径的能力	1.3.1.1 岩屑气侵	1－3－1
			1.3.1.2 重力置换	1－3－1
			1.3.1.3 扩散气侵	1－3－1
			1.3.1.4 气体溢流	1－3－1

岗位序列	工作职责	能力要求	学习内容模块		学习导航
专业技术	1.3 负责井内流体运移分析与处理工作	1.3.2 具备掌握气体变化规律的能力	1.3.2.1	气体在井内的状态	1-3-2
			1.3.2.2	气体在井内的膨胀特性	1-3-2
			1.3.2.3	气体在井内的运移	1-3-2
		1.3.3 具备分析气体对井内压力影响的能力	1.3.3.1	静液压力影响	1-3-3
			1.3.3.2	气柱影响	1-3-3
		1.3.4 具备掌握天然气滑脱上升处理的能力	1.3.4.1	天然气上升速度计算	1-3-4
			1.3.4.2	天然气滑脱上升处理	1-3-4
	1.4 负责压井技术工作	1.4.1 具备掌握压井概念及压井方法的能力	1.4.1.1	压井释义	1-4-1
			1.4.1.2	压井措施选择	1-4-2
		1.4.2 具备掌握选择压井液的能力	1.4.2.1	压井液应具备的功能	4-4-1
			1.4.2.2	影响压井液选择的因素	1-4-3
			1.4.2.3	压井保护措施及要求	1-4-3
	1.5 负责井控设计工作	1.5.1 具备梳理井控设计资料的能力	1.5.1.1	基础数据内容	1-5-1
			1.5.1.2	地质数据内容	1-5-1
			1.5.1.3	钻井资料内容	1-5-1
			1.5.1.4	完井测试基本数据	1-5-1
			1.5.1.5	试采数据	1-5-1
		1.5.2 具备井控设计的能力	1.5.2.1	井控设计原则	1-5-2
			1.5.2.2	井控设计要素	1-5-2
		1.5.3 具备掌握固井工艺的能力	1.5.3.1	固井前准备	1-5-3
			1.5.3.2	固井要求	1-5-3
			1.5.3.3	固井技术要点	1-5-3
		1.5.4 具备掌握常用完井管柱评价的能力	1.5.4.1	光油管管柱优缺点	1-5-4
			1.5.4.2	带封隔器保护的管柱优缺点	1-5-4
			1.5.4.3	带液控井下安全阀的管柱优缺点	1-5-4
		1.5.5 具备掌握完井管柱设计的能力	1.5.5.1	完井管柱设计原则	1-5-5
			1.5.5.2	完井管柱设计	1-5-5
		1.5.6 具备选择井下工具的能力	1.5.6.1	井下工具组成	1-5-6
			1.5.6.2	井下工具功能	1-5-6
		1.5.7 具备选择入井液的能力	1.5.7.1	入井液的作用	1-5-7
			1.5.7.2	入井液设计	1-5-7

岗位序列	工作职责	能力要求	学习内容模块		学习导航
专业技术	2.1　负责储气库地质与气藏工程工作	2.1.1　具备掌握地层特征的能力	2.1.1.1	地质特点	2－1－2
			2.1.1.2	主要断裂	2－1－2
			2.1.1.3	构造划分	2－1－2
			2.1.1.4	油气藏形成条件	2－1－2
			2.1.1.5	油气田构造特征	2－1－2
		2.1.2　具备气库运行压力设计的能力	2.1.2.1	上限压力设定	2－1－3
			2.1.2.2	下限压力设定	2－1－3
		2.1.3　具备设计储气库方案的能力	2.1.3.1	井网部署	2－1－4
			2.1.3.2	老井利用	2－1－4
			2.1.3.3	井身结构	2－1－4
			2.1.3.4	丛式井场	2－1－4
	2.2　负责老井利用与封井工程工作	2.2.1　具备对老井利用评价的能力	2.2.1.1	评价原则	2－2－1
			2.2.1.2	评价方法	2－2－1
		2.2.2　具备对老井利用检测的能力	2.2.2.1	检测内容	2－2－2
			2.2.2.2	检测工艺技术	2－2－2
			2.2.2.3	技术要求	2－2－2
		2.2.3　具备掌握废弃井封堵技术的能力	2.2.3.1	封堵设计	2－2－3
			2.2.3.2	挤堵工艺	2－2－3
			2.2.3.3	封堵方案	2－2－3
			2.2.3.4	技术要求	2－2－3
		2.2.4　具备掌握复杂井况封堵技术的能力	2.2.4.1	处置原则	2－2－4
			2.2.4.2	处置技术	2－2－4
			2.2.4.3	技术要求	2－2－4
			2.2.4.4	典型井例	2－2－4
专业技术	3.1　负责井控设备操作维护工作	3.1.1　具备井口装置识别与操作能力	3.1.1.1	采气树选择与技术参数	3－1－1
			3.1.1.2	采气树主要部件	3－1－1
			3.1.1.3	油管头结构及作用	3－1－2
			3.1.1.4	套管头结构及作用	3－1－3
		3.1.2　具备掌握井安系统操作与维护的能力	3.1.2.1	井安系统功能	3－2－2
			3.1.2.2	井安系统工作原理	3－2－3
			3.1.2.3	井安系统操作	3－2－4
			3.1.2.4	井安系统故障处理	3－2－5

岗位序列	工作职责	能力要求	学习内容模块	学习导航
专业技术	3.1 负责井控设备操作维护工作	3.1.3 具备掌握井口检测装置操作与维护的能力	3.1.3.1 压力表操作与维护	3-3-1
			3.1.3.2 压力变送器操作与维护	3-3-2
			3.1.3.3 更换压力变送器操作	3-3-3
			3.1.3.4 温度变送器操作与维护	3-3-4
			3.1.3.5 更换温度变送器操作	3-3-5
			3.1.3.6 双金属温度计拆卸操作	3-3-6
			3.1.3.7 双金属温度计安装操作	3-3-7
		3.1.4 具备掌握井口安全配套装置操作与维护的能力	3.1.4.1 多功能辅助流程	3-4-1
			3.1.4.2 井场安全逻辑联锁装置	3-4-2
			3.1.4.3 Rotork 电动执行机构操作与维护	3-4-3
			3.1.4.4 Fahlke Sehaz 型电液联动执行机构操作与维护	3-4-4
			3.1.4.5 Emerson 电液执行机构操作与维护	3-4-5
			3.1.4.6 Bettis 自力液压紧急关断系统操作	3-4-6
			3.1.4.7 Stream-Flo 皇冠自力式液压紧急关断系统操作	3-4-7
			3.1.4.8 NS 紧急截断系统操作与维护	3-4-8
			3.1.4.9 中寰气液执行机构操作与维护	3-4-9
	3.2 负责储气库井控管理工作	3.2.1 具备建立健全井控管理基本制度的能力	3.2.1.1 井控管理工作制度	4-1-1
			3.2.1.2 井控持证上岗制度	4-1-2
			3.2.1.3 井控设备管理及检维修制度	4-1-3
			3.2.1.4 井喷应急管理制度	4-1-4
			3.2.1.5 井控事件管理制度	4-1-5
		3.2.2 具备井控风险评估及制定防控措施的能力	3.2.2.1 修井作业风险防控	4-2-1
			3.2.2.2 环空带压井风险防控	4-2-2
			3.2.2.3 利用井风险防控	4-2-3
			3.2.2.4 观察井风险防控	4-2-4
			3.2.2.5 封堵井风险防控	4-2-5
			3.2.2.6 储气库井安全预防管理	4-2-6

岗位序列	工作职责	能力要求	学习内容模块		学习导航
专业技术	3.2 负责储气库井控管理工作	3.2.3 具备储气库气井运行管理的能力	3.2.3.1	基础资料	4－3－1
			3.2.3.2	注采井日常运行管理	4－3－2
			3.2.3.3	监测井日常运行管理	4－3－3
			3.2.3.4	封堵井日常运行管理	4－3－4
			3.2.3.5	生产测试作业井井控管理	4－3－5
			3.2.3.6	井下作业井井控管理	4－3－6
			3.2.3.7	检测与评价	4－3－7
		3.2.4 具备使用应急器材的能力	3.2.4.1	手提式干粉灭火器使用	4－4－1
			3.2.4.2	推车式干粉灭火器使用	4－4－2
			3.2.4.3	二氧化碳灭火器使用	4－4－3
		3.2.5 具备现场急救的能力	3.2.5.1	正压式空气呼吸器操作	4－5－1
			3.2.5.2	心肺复苏	4－5－2
			3.2.5.3	触电现场急救	4－5－3
			3.2.5.4	急性中毒现场急救	4－5－4
		3.2.6 具备井控应急处置的能力	3.2.6.1	作业时发生井喷应急处置	4－6－1
			3.2.6.2	环空带压井口泄漏应急处置	4－6－2
			3.2.6.3	井喷失控应急处置	4－6－3
		3.2.7 具备井控典型异常情况处理的能力	3.2.7.1	储气库事故统计与分析	4－7－1
			3.2.7.2	封堵井起压	4－7－2
			3.2.7.3	环空窜气	4－7－3

参考文献

[1]高振果. 井喷与井控手册[M]. 北京：石油工业出版社，2006.

[2]郑志刚. 实用井控手册：现场井控装置隐患辨识及对策（图文本）[M]. 北京：石油工业出版社，2014.

[3]于文平. 井控技术[M]. 北京：石油工业出版社，2013.

[4]张桂林，张之悦，颜廷杰. 井下作业井控技术[M]. 北京：中国石化出版社，2006.

[5]王书红，张发展，徐大宁. 井下作业井控技术问答[M]. 北京：石油工业出版社，2012.

[6]张发展，闫苏斌. 钻井井控设备与技术[M]. 北京：石油工业出版社，2017.

[7]王华. 井控装置实用手册[M]. 北京：石油工业出版社，2008.

[8]胡启月. 测井井控技术手册[M]. 北京：石油工业出版社，2021.

[9]李亮. 石油天然气井下作业相关专业井控技术[M]. 北京：石油工业出版社，2019.

[10]王增年，毛建华. 井控设备技术问答[M]. 北京：中国石化出版社，2014.

[11]张桂林，李敬奇，张之悦. 采油采气井控技术[M]. 北京：中国石化出版社，2012.

[12]苏国丰. 高含硫气田井控技术[M]. 北京：中国石化出版社，2014.

[13]罗远儒，侯静. 钻井井控与井下作业井控习题集[M]. 北京：石油工业出版社，2012.

[14]李相方. 井控理论与技术[M]. 北京：石油工业出版社，2021.

[15]孙永壮. 井下作业井控与有毒有害气体防护技术[M]. 青岛：中国石油大学出版社，2007.

[16]孙宝江. 钻井井控处理常用公式/石油工程常用公式[M]. 北京：石油工业出版社，2000.

[17]SY/T 7642—2021 储气库术语.

[18]SY/T 7651—2021 储气库井运行管理规范.

[19]SY/T 7648—2021 储气库井固井技术要求.